中国地理标志农产品丛书

盱眙龙虾

《盱眙龙虾》编辑委员会 编著

中国农业出版社
农村读物出版社
北 京

图书在版编目（CIP）数据

盱眙龙虾 /《盱眙龙虾》编辑委员会编著. -- 北京 ：中国农业出版社，2024.12. --（中国地理标志农产品丛书）. -- ISBN 978-7-109-32423-7

I. S966.12

中国国家版本馆 CIP 数据核字第 20244VT391 号

盱眙龙虾
XUYI LONGXIA

中国农业出版社出版

地址：北京市朝阳区麦子店街18号楼

邮编：100125

责任编辑：陈　瑨

责任校对：吴丽婷

印刷：北京缤索印刷有限公司

版次：2024年12月第1版

印次：2024年12月第1次印刷

发行：新华书店北京发行所发行

开本：700mm×1000mm　1/16

印张：10

字数：200千字

定价：98.00元

《中国地理标志农产品丛书·盱眙龙虾》
撰稿人员名单

综　　述	张承东
自然环境	吉　源　曹雪会
人文历史	童海兵　冯　楠　王发荣
品质特色	沈　月　王先伟　庄义民　刘艳红
生产管理	史晏如　孙朝虎　张大龙　贺婉路　周明华
科技研发	张承东　皮　健
产业拓展	欧　丽　林　松　王　珂　曹　圆
品牌建设	张承东　谢　彪　刘国平
重点基地	谈晓艳　葛　魁　王贻喜　王维武　孙高雅　王克勤 朱青松　周　衍　姜海青　黄国阳　耿立兵　李家富 左文楚　王　健　汪　琪
知名企业	王　卫　郭　勇　杨　军　张春华　许瑞海　李珊珊 平　健　王　建　侯小东　曾　真　王兆芳　姜天才 朱　军　夏玲玲
人物风采	李　莹　路红军　蔡刚振　陈　环　张承东　许建忠 平　健　郭　勇　赵　苹　赵培勤　韩红玉　陈贵芸
大 事 记	周　莹　桂　皓
附　　录	季海军　刘　飞　桂　皓
图片摄影	许昌银

盱眙龙虾

序

　　随着我国乡村振兴进入全面实施阶段，推动农业全面升级、农村全面进步、农民全面发展成为当前"三农"工作的头等大事和首要任务。发展乡村产业是乡村全面振兴的重要根基，也是重要的工作切入点。乡村产业根植于县域，地域特色鲜明，创新创业活跃，业态类型丰富，利益联结紧密，是提升农业、繁荣农村、富裕农民的产业。习近平总书记高度重视乡村产业发展，强调指出"产业振兴是乡村振兴的重中之重""各地推动产业振兴，要把'土特产'这三个字琢磨透"。一系列的重要论述为乡村产业发展指明了方向，提供了根本遵循。在强有力的政策推动、技术驱动和市场拉动下，我国乡村产业发展进入快车道，产业深度拓展，类型不断丰富，作用大大增强，为乡村全面振兴打下了坚实基础。

1

乡村产业是自然再生产和经济再生产的交织体，既要顺应产业发展规律，又要遵循市场经济规律。为了推动乡村产业快速发展，各地积极探索、不断创新，找到了许多有效的招数和成功的路径。其中，保护地理标志资源、挖掘地理标志内涵、增强地理标志功能、发挥地理标志作用成为许多地方政府、企业、农户的共同愿望和自觉行动。

　　地理标志是标示产品来源于特定地域、产品品质和相关特征主要取决于自然生态环境及历史人文因素、并以地域名称冠名的特有农产品标识，具有地域性、独特性、公共性、传承性等特性和经济、文化、生态、法律等功能，与乡村产业发展关系紧密且高度相连。地理标志是发展乡村产业重要的综合性资源，是重要的生产要素，也是推动乡村产业发展的有效工作抓手。同时，产业发展为地理标志提供了用武之地，加快培育了区域公用品牌，提升了地理标志知名度和影响力，提高了产品市场竞争力和产业效益，两者相辅相成、相得益彰。

　　概括来看，地理标志对乡村产业的影响和作用主要体现在以下几个方面。

　　彰显产业特色。 乡村产业以"特"制胜，靠山吃山，靠水吃水。地理标志蕴含的自然资源特色、品质特色和不一样的风土人情，增强了乡村产业的差异性和市场竞争力，能够避免千业一面、同质化竞争，推动生产要素向优势产区集中，形成一县一业特色化发展，加快培育形成具有区域特色的支柱产业。农业农村部等9部委共同开展了中国特色农产品优势区建设工作，至今共创建308个特优区，其中98%以上的产区都有受到登记保护的相应地理标志产品。

　　促进产业融合。 融合是乡村产业做大做强的必然要求和关键举措。地理标志

盱眙县稻虾综合种养示范基地

小龙虾捕捞现场

是赋能性生产要素，可以促进产业深度交叉融合，通过"地标+"发展多类型融合业态，推动产业横向联动和纵向贯通，一产往后移，二产两头连，三产走高端。通过跨界配置农业产业要素，促进与餐饮、旅游、教育、文化、康养等产业深度融合，形成新业态、新模式和新增长点。通过产业链延伸，不同产业功能互补，由卖原料到卖体验、卖品牌，拓展产业多重功能，创造产业更高价值。

共创产业品牌。品牌是乡村产业成熟发展的重要标志。地理标志的区域性、公共性等特点，可以充分吸引和调动地方政府、生产企业、农户的积极性、主动性和创造性，全过程、全方位、全链条共同打造区域公用品牌，共同维护所形成的知识产权。以产业壮品牌，以品牌促产业。通过共同培育并拥有区域公用品牌，代表产区共同利益，有利于建立稳固的利益共同体，同时带动培育一批乡土产品品牌和企业品牌，形成品牌叠加和溢价效应。

推动产业升级。乡村产业转型升级是高质量发展的必然要求。地理标志可以助力推进产业生产方式、经营方式、资源利用方式和管理方式的转变，由增产导向向提质导向转变，由依赖资源消耗的粗放型增长向集约型增长转变，由传统生产向现代生产转变，不断提高产品竞争力，提高产业综合效益。2021年3月《中欧地理标志协定》正式生效，中方推出的首批100个地理标志产品走出国门、进入欧盟市场。这不仅是中欧特色产品的竞争，更是产业的竞争。乡村产业发展必须强身健体，加快转型升级。

盱眙县是江苏省粮食、生猪和水产品生产大县。30多年来，全县充分发挥资源优势、区位优势、产业优势，大力发展龙虾产业，培育县域经济增长极，成为全国小龙虾美食发源地、龙虾产业的引导者、海内外闻名的龙虾之都。小品种做成了大产业，成为挖掘保护地理标志、推动乡村产业发展的生动实践和成功样板。

从历史维度看，盱眙县位于我国第四大淡水湖——洪泽湖的南岸，淮河穿境而过，境内水面宽阔，素有"百库之县"称号。水域水草丰茂，底栖生物资源丰富，极其适合小龙虾生长。盱眙县委、县政府始终尊重人民群众的首创精神，鼓励大胆闯、大胆试，打破常规，剑走偏锋，用市场眼光审视和利用资源，超前思维，超前谋划。一届接着一届干，咬定虾业不放松，因势利导，持之以恒，将一个长期受冷落的外来物种做成了网红产业，创造了我国水产养殖业的发展奇迹。

从现实维度看，盱眙县一虾先行，诸业并进，小产品闯出大市场，小龙虾形成大产业。盱眙龙虾产业发展至今，取得了突出的经济效益、生态效益和社会效益。2023年，全县龙虾养殖面积超97万亩，总产量达12.5万吨，总产值超过300亿元，品牌价值连续8年位居全国地理标志品牌水产类第一，一大批从事生产、加工、销售、餐饮的龙头企业脱颖而出，奠定了盱眙县在中国龙虾产业的领跑者地位。全县有近20万产业大军从事龙虾生产销售，走上致富路，龙虾产业真正成为富民产业。

从发展维度看，盱眙县在发展龙虾产业过程中，经历过风险冲击和困难考验，主政者迎难而上，不断探索创新，从生产、技术、市场、品牌、文化各个方面发力，大养虾、养大虾，错位竞争，抢先起跑，努力占领产业制高点。面向未来，盱眙县委、县政府又提出了龙虾产业"二次创业"战略目标，从抓生产到抓链条、从抓产品到抓产业、从抓环节到抓体系全面转型升级，推动兴业、强县、富民一体发展，努力谱写新时代龙虾产业高质量发展的华彩篇章。

《盱眙龙虾》是我国水产渔业领域第一本地理标志产品专著。全书系统地展示了盱眙龙虾的自然环境、人文历史、品质特色、生产管理、科技研发、产业拓展、品牌建设的崭新风貌，充分反映了盱眙龙虾产业发展的突出成就和典型经验。该书主题突出，内容丰富，描述生动，图片优美，既是一部地理标志专业宣传读本，又是一部水产养殖技术参考书。如何发展乡村产业、促进农业增效和农民增收，盱眙县是一个值得全国各地学习借鉴的典型样板；如何保护利用地理标志资源、培育区域公共品牌、做好"土特产"文章，《盱眙龙虾》是一本可以精读细品的专业好书。

中国绿色食品协会常务副会长
中国绿色食品发展中心原主任

张华俦

2024年10月

目 录
C O N T E N T S

盱眙龙虾

序

1 综 述   1

品种培优   2

品质提升   2

品牌打造   4

标准化生产   6

社会贡献   7

2 自然环境   9

地理位置   10

地形地貌   11

土壤   12

气候   12

水文水系   13

生物资源   14

龙虾产业布局   15

3 人文历史   17

淮河明珠，南北要冲   17

明皇故里，人文胜地   19

红色热土，革命老区   21

生态家园，山水名城   22

龙虾之都，产业高地   24

4 品质特色   26

盱眙龙虾品质特性   26

质量技术管理规范   28

盱眙龙虾烹饪方法   29

盱眙龙虾消费市场   32

5 生产管理   34

田间工程建设   35

苗种放养   37

小龙虾养殖管理   39

水稻栽培与管理   40

成虾捕捞   42

稻田虾苗繁育   42

6 科技研发   44

院士领衔科研路   44

院所联合成果丰   46

主攻种苗"芯片"   47

拓展养殖"虾道"   48

打造产业标杆   51

7 产业拓展   53

稻虾共生：现代农业华美蝶变   53

一虾多吃：加工产业精深发展   55

城市厨房：快递美餐惠享国人   57

电商直播：盱眙味道走向全球   59

文旅融合：推动乡村全面振兴   60

8 品牌建设   62

品牌发展历程   62

节庆赋能，助力品牌打造   65

协会发力，多措维护品牌   67

多维传播，展示品牌力量   68

9   重点基地   71

盱眙龙虾博物馆：全国首座龙虾主题博物馆   71

盱眙全球龙虾交易中心：推动龙虾交易融合发展   72

马坝镇：小龙虾撬动致富大产业   73

官滩镇：稻虾共生，打造产业发展强引擎   74

黄花塘镇：因地制宜，探索稻虾共生发展新路径   75

桂五镇：稻虾共作，富农富民   77

管仲镇：稻虾可持续，激活乡村振兴新引擎   78

河桥镇：倾力打造龙虾全产业链   79

鲍集镇：谱写龙虾产业发展新篇章   80

淮河镇：水美物丰的现代化名镇   81

天泉湖镇：小龙虾撬动富民增收大产业   82

穆店镇：盱眙稻虾共生的发祥地   83

古桑街道：稻虾共作，探索致富新道路   84

太和街道：舌尖上的小龙虾，助力乡村全面振兴   86

10   知名企业   87

江苏盱眙龙虾产业发展股份有限公司   87

盱眙於氏龙虾餐饮服务连锁有限公司   89

江苏红胖胖龙虾产业集团有限公司   90

叮咚买菜盱眙小龙虾超级工厂   91

盱眙许记味食发展有限公司   92

江苏祥源农业科技发展有限公司   93

江苏满家乐食品有限公司   94

盱眙好滋味食品有限公司   95

盱眙舌尖猎人食品有限公司   96

盱眙虾将军食品有限公司   97

江苏林帝食品有限公司   98

江苏和善园都梁冷冻食品有限公司   99

盱眙顺康食品科技有限公司   100

淮安市康达饲料有限公司   101

11   人物风采   103

杜守军：稻虾共生蹚出生态致富路   103

卢 勇：龙虾养殖新模式的领航者   105

刘建保：做大早虾产业，推动强村富民   106

陈 环：超红小龙虾，用心为盱眙龙虾锦上添花   107

芮 锋：砥砺深耕，带动龙虾美味走向世界   108

许瑞海：百亿龙虾产业的灵魂调味工匠   109

平 健：倾心打造盱眙龙虾电商品牌   110

於新凯：坚守"匠心"味道，引领龙虾产业发展   112

张晓东：龙虾产业发展的国企担当   113

王晓鹏：实验做在田埂边，论文写在水中央   114

朱 耀：盱眙龙虾产业振兴的践行者   115

张承东：传播盱眙龙虾文化的使者   116

附　　录 128

"盱眙龙虾"地理标志证明商标注册证　128

国家质量监督检验检疫总局关于批准对盱眙龙虾、龙池砚、沿溪山白毛尖、
　北乡马蹄、金口河乌天麻实施地理标志产品保护的公告　129

"盱眙龙虾"农产品地理标志登记证书　131

"盱眙龙虾"证明商标使用管理规则　132

江苏省地方标准《地理标志产品　盱眙龙虾》　136

盱眙龙虾产业发展统计表（2010—2023 年）　141

盱眙龙虾产业新闻报道选粹　142

盱眙龙虾产业重点基地通信录　145

盱眙龙虾产业知名企业通信录　146

综　述

地处洪泽湖南岸的江苏省盱眙县已有2200多年的建县史，历史上就以物产丰饶而享誉大江南北。30年前，盱眙人乘改革开放东风，大胆创业、创新、创优，以发明十三香龙虾调料、烹饪十三香龙虾起步，将名不见经传的淡水小龙虾打造成一道中华美食，在大江南北掀起一轮轮小龙虾"红色风暴"。30年来，盱眙县委、县政府坚持"小龙虾、大产业"的理念，坚定不移地带领全县人民做好小龙虾这篇大文章，从小龙虾捕捞贩运与烹饪入手，引入先进科技，打造出包括育苗、养殖、流通、烹饪、加工、电商、节庆、文创的全产业链条。龙虾产业成为盱眙县主导产业，有效地促进了盱眙县脱贫致富和乡村振兴，"盱眙龙虾"在全国地理标志品牌水产类中价值首屈一指，成为盱眙县一张靓丽的红色名片。

品种培优

发展前期，盱眙龙虾产业为"繁养一体"模式，即养殖主体按照"捕大留小"原则，将达到一定规格的成虾捕捞上市销售，剩余小规格虾作为虾苗进行自繁自育。近年来，随着小龙虾养殖规模的扩大，养殖业竞争加剧，"繁养一体"生产模式带来的产量不稳、规格小、种质退化等问题越来越严重。

种铸基石，开展小龙虾种苗选育工作是盱眙龙虾产业高质量发展的必经之路。江苏盱眙龙虾产业发展股份有限公司与江苏省淡水水产研究所合作开展小龙虾种苗选育工作，将生长速度快、养成规格大、产量高、性状稳定、规格整齐作为选育目标，通过不断选育，逐步开发小龙虾新品种。2023年，已建成小龙虾连栋大棚单池育苗区21000米²、生态家系选育池72个家系网箱、苗种孵化车间300米²等。

自2012年开始，研发团队从国内8个小龙虾典型水域采集天然群体作为育种基础群体。采用分子标记对不同来源群体进行遗传特征分析，获取不同群体遗传特征数据，依据不同群体间亲缘关系进行交配繁育。每年进行一代

'盱眙1号'小龙虾选育基地

选育，已完成连续6代群体选育，选育出生长速度快、养成规格大、性状稳定的新品系，命名为'盱眙1号'。生产性能对比养殖试验显示，新品种养殖收获体重较未选育群体提高18.62%，每亩*产量提升18.8%，体重变异系数为8.49%。2023年6月11日，'盱眙1号'新品种通过江苏省级审定。2024年4月17日，全国水产原种和良种审定委员会专家组对'盱眙1号'新品种进行了现场审查。

品质提升

近年来，盱眙县扎实践行绿色发展理念，强化创新引领，加强统筹谋划，

---

* 亩为非法定计量单位，1亩＝1/15公顷。

深入推进小龙虾品质提升工作，努力绘制小龙虾养殖产业"强富美高"的发展蓝图。

注重产地苗种检疫。持续推进、有效落实小龙虾苗种产地检疫工作，加强养殖疫病监测与防控，及时掌握小龙虾养殖疫情动态和流行规律，提高养殖疫病风险防控能力。全过程监督苗种生产行为，适时开展苗种质量抽检，确保苗种在"起跑线"上就符合绿色水产品标准，推动养殖产业绿色、健康、高质量发展，保障小龙虾产品的安全有效供给。

推进生产基地建设。先后在马坝镇旧街、黄花塘镇芦沟建成千亩连片稻虾高标准核心示范基地，在淮河镇、官滩镇打造2万亩稻虾综合种养标准示范推广区。重点扶持江苏盱眙龙虾产业发展股份有限公司、盱眙叶湖生态农业有限公司等龙虾产业新型经营主体，通过数字化手段实现全程管控和动态管理，强化全链条质量安全监管。推动数字技术及装备在小龙虾生产、加工、销售等方面的应用，加强数字园区和数字渔场建设，实现数字化追溯管理。

集成推广技术模式。积极推广繁养分离养殖技术，实现小龙虾精准化、可控化养殖。2023年已发展小龙虾生态绿色养殖模式97.5万亩，其中稻虾综合种养77.5万亩、虾蟹混养及人放天养17万亩、莲藕（芡实）虾综合共生3万亩。盱眙县先后荣获"中国生态龙虾第一县""国家级稻渔综合种养示范区"等称号。

淮河两岸的稻虾共生种养基地

穆店镇养殖户在捕捞小龙虾

加强产地环境管治。注重产地质量，选择环境优美、水质优良、饵料丰富的水域作为小龙虾生产基地，以清洁的产地环境生产优质的水产品。按照生态、环保、循环、高效的种养要求，实施小龙虾养殖池塘尾水达标排放治理项目建设。2020年以来，先后投入财政资金2906.2万元用于小龙虾养殖池塘改造，合计改造面积19474亩，确保养殖水体符合国家标准《渔业水质标准》规定，养殖尾水达到省级标准《池塘养殖尾水排放标准》要求。

推广绿色投入产品。大力实施水产养殖用药减量行动，在稻虾种养生产过程中，加快推广生物有机肥、缓释肥料、水溶性肥料、高效叶面肥、高效低毒低残留农药、生物农药等绿色投入品，推广粘虫板、杀虫灯、性诱剂等病虫绿色防控技术产品，推广安全绿色兽药，规范使用饲料添加剂。

品牌打造

盱眙龙虾强在产业，赢在品牌。20多年来，盱眙县委、县政府整合政府、社会组织、国企、民企的资源，发挥各方力量作用，抢占先机，扩产业，办节庆，制定产业标准，打造"盱眙龙虾"品牌。"盱眙龙虾"在2004年获得中国第一例动物类原产地证明商标后，又先后获数十项国家级品牌荣誉，"盱眙龙虾"品牌成为中国龙虾产业界一马当先的旗帜。

龙虾节吸引众多华侨华裔省亲投资

持续打造节庆。盱眙县在2000年试办了龙年龙虾节，首开中国龙虾节庆之先

2024 年盱眙龙虾开捕仪式上的颁奖典礼

河。2001 年把地域性的龙虾节办成了中国龙虾节，2008 年升级为中国·盱眙国际龙虾节。盱眙连续 24 年成功举办龙虾节，先后荣获"中国十大品牌节庆""十大美食类节庆""中国最具潜力十大节庆"等多项桂冠，让昔日默默无闻的苏北小县，一跃成为闻名遐迩的"中国龙虾之都"。盱眙人秉持"政府主导、市场运作、企业主办"理念，实现了办节主体、办节地域、办节内涵的不断丰富和扩展，每年都会有不同的主题、一系列创新出彩的活动，为老百姓献上精彩的节日文化盛宴。

广泛开展宣传。积极开展盱眙龙虾与西康宾馆、金陵集团、江苏大厦等高端品牌合作共建，强强联合，提升实力；与青岛啤酒、今世缘等品牌合作，拓展新业态，发展夜经济；积极开展全面进驻北京夜经济热门地簋街、南京都市圈美食联盟等活动。建立央视平台宣传合作机制，通过投放盱眙龙虾宣传短片，邀请央视对盱眙龙虾全产业链进行专题报道；建立网络平台宣传合作机制，充分利用现代化传媒手段，进一步扩大盱眙龙虾品牌宣传声势；建立高铁平台宣传合作机制，继续开通高铁品牌列车线下宣传，增强美誉度，提升影响力。

深挖品牌内涵。与当地传统文化、历史名人相结合，制作盱眙龙虾专题宣传片，客观展示绿色生态养殖；积极参加国内外大型渔博会、农展会等，不断提升盱眙龙虾的品牌效应；创作出《泡菜爱上小龙虾》《美食大冒险之英雄烩》等盱眙龙虾主题影视、小盱小眙动漫卡通和表情包、盱眙礼物等文化创意产品，建成全国首家龙虾博物馆，形成了百花齐放的盱眙龙虾文化成果。

强化品牌保护。坚持打防结合，多部门联动，开展"支持绿色产业、守护金色品牌"专项活动。盱眙县人民检察院联合县人民法院、县公安局、县市场监督管理局、县农业农村局、江苏省盱眙龙虾协会和江苏盱眙龙虾产业发展股份有限公司等，牵头确立"司法＋行政＋企业"的联动磋商协作制度，以检察公益诉讼守护"盱眙龙虾"品牌，共同推动龙虾产业高质量发展。组织开展"盱眙龙虾"商标侵权专项执法活动，增加商标类别注册，有效防范文图混用、拆分使用等违法行为。

标准化生产

盱眙县坚持以标准化增强龙虾全产业链支撑力，进一步修订完善盱眙龙虾产业链标准，实现全产业链标准无缝对接，牢牢掌握龙虾产业发展的话语权。

完善标准体系。盱眙是首批国家级稻渔综合种养示范区，在小龙虾繁育、养殖、加工、餐饮等技术上已发布317项标准，其中包括《淡水小龙虾购销规范》《盱眙龙虾无公害池塘高效生态养殖技术规范》2项行业标准；《地理标志产品 盱眙龙虾》《熟制盱眙龙虾加工技术规程》《盱眙龙虾稻田综合种养技术规程》3项江苏省地方标准；《盱眙龙虾综合种养技术规程》等4项淮安市地方标

"稻虾共生"绘就金色画卷

准。发布的《盱眙龙虾全产业链标准体系建设指南》，涵盖一二三全产业链的龙虾标准体系已初步形成。盱眙龙虾标准化养殖技术入户率达100%，普及率达90%以上。

打造绿色基地。牢固树立"绿色发展、质量兴农"理念，在全县建设部级水产健康养殖示范场3个，鲍集、管仲、淮河3镇成功创成30万亩全国绿色食品原料（稻虾共生）标准化生产基地，先后获得"全国稻虾共生标准化示范区""国家现代农业产业园""国家现代农业全产业链标准化示范基地"等荣誉称号。

推动按标生产。引导养殖主体严格落实生产技术规程，完善养殖生产记录填报，强化追溯管理，推动63个小龙虾养殖主体纳入追溯信息平台，实现生产经营记录电子化。将按标养殖水平作为生产者信用评定的重要依据，提高养殖主体按标生产的自觉性。引导当地金融机构，对于按标生产的小龙虾养殖企业，给予增信评级或增加贷款额度。

强化标准监管。建立规模养殖主体监管名录，县渔业渔政、市场监管等部门定期开展巡查检查，监督养殖主体按标生产，严格落实禁限用药等规定。近年来，全县共开展以小龙虾为主的水产品质量安全监管执法检查150余次，检查养殖生产单位300余家次，要求养殖单位整改30余起，签订水产品质量安全承诺书500余份，发放水产品宣传手册等材料1000余份。

2001年龙虾节上马坝镇商户朱银祥正在开心点钞

社会贡献

作为中国龙虾产业的开创者和领航者，经过近30年的发展，盱眙龙虾产业已从最初的"捕捞+餐饮"模式发展成为集科研、养殖、加工、餐饮、冷链物流、节庆等为一体的完整产业链，形成了一虾先行、诸业并进的良好局面。

龙虾从基地走向餐桌，龙虾产业链年产值超过300亿元，让近20万盱眙人发起了"龙虾财"。2016年1月，盱眙龙虾创业学院挂牌成立。它是中国第一个龙虾专修学院，每年毕业全日制厨师120名左右，培训社会厨师约1000人，社会培训中近六成是县外慕名而来。2023年，已有5000多名身怀十三香龙虾烧制技艺的厨师外出闯天下，百万元以上资产的"龙虾富翁"200多人。同时，顺应网络时代发展，大力推进"互联网+小龙虾"行动计划，构建线上线下融合发展的新格局。2023年，全县从事盱眙龙虾销售的淘宝店铺245家、新浪微博商户444家、微信公众号200多个，从业人员5000余人；盱眙农产品电商全年销售额约5亿元，其中龙虾产业销售额超2亿元。

美丽乡村：天泉湖镇陡山村云海奇观

　　连续举办多届的小龙虾烹饪大赛，也让盱眙龙虾的烹饪加工技艺推陈出新，盱眙十三香龙虾获得"中国名菜"荣誉称号，为全县餐饮业的发展增添了新的动能。2023年，盱眙县城区拥有大型龙虾餐饮店15家、中型龙虾餐饮店135家，县内开设龙虾餐饮店3000余家、品牌店1000余家，全国开设盱眙龙虾加盟店2000余家，已开发龙虾系列产品近100个，消费市场遍布全国20多个省份。

　　一只小龙虾撬动区域经济大发展。2023年，"盱眙龙虾"品牌价值达到353.12亿元。如今，盱眙县充分发挥盱眙龙虾品牌优势、水稻资源优势和山水生态优势，走出了一条绿色富民、产业振兴新路子，实现了盱眙龙虾的"二次创业"，使这一支柱产业再次获得提升和发展。

自然环境

盱眙县隶属江苏省淮安市，位于淮河下游、洪泽湖南岸、江淮平原中东部。全县总面积2497.3千米^2，人均面积居江苏省各县（市、区）之首；设有盱城、古桑、太和3个街道，马坝、官滩、天泉湖、桂五、管仲、河桥、鲍集、黄花塘、淮河、穆店10个镇，以及1个省属农场（三河农场）。2023年，全县户籍总人口77.05万人，常住人口60.02万人，其中农村人口22.23万人；实现地区生产总值551.11亿元，同比增长7.5%；农村居民人均可支配收入25441元，同比增长8.1%。

盱眙县自然环境优美，生态资源丰富，先后获得"中国旅游强县""全国生态建设示范区""全国森林旅游示范县""全国百佳深呼吸小城"等称号。

盱眙淮河大桥

地理位置

盱眙县位于江苏省西部、淮安市西南端，地处东经118°11′～118°54′、北纬32°43′～33°13′；东与金湖县、安徽省天长市相邻，南、西分别与安徽省滁州市来安县和明光市交界，北与洪泽区、泗洪县接壤。宁淮（南京—淮安）、宁宿徐（南京—宿迁—徐州）高速公路穿越全县三分之二的乡镇。盱眙县到南京市车程仅需45分钟，已融入南京一小时经济圈。"控两淮之要，据三口之险，系淮南江左之本"，盱眙县是苏北五市到省城南京的必经之地，更是苏北地区对接苏南的交通要塞、承接长三角地区经济辐射的前沿阵地，素有"苏北门户"之称。

盱眙县水陆网络完善，交通十分便捷。淮河盱眙段于1994年6月被定为江苏省管三级航道，总长37千米；支线航道10条，总长143.92千米。2007年12月，淮河盱眙港建成并投入使用。盱眙淮河大桥于1977年11月建成通车，全长1922.9米，是全国最大的油管、公路两用桥。宁宿徐高速公路淮河二桥全长6048米、宽25.5米；淮河三桥全长5868米、宽26米，一级公路标准，设计时速100千米，于2014年11月建成通车。2022年12月，盱眙淮河大桥改造工程完工，改建后全长2063米，采用双向六车道一级公路标准建设，设计时速80千米，成为贯通盱眙东西的重要通道。

地形地貌

盱眙县地处淮河南岸，属大别山余脉。境内地势西南高、多丘陵低山，东北低、多平原，呈阶梯状倾斜。最高点为河桥镇狮子峰、黄海高程系231米，最低点为马坝镇衡西圩、黄海高程系8米，高低相差223米。

县境内有低山、丘岗、平原、河湖圩区等多种地貌，北部濒临我国第四大淡水湖——洪泽湖。低山丘陵一般山顶高程50～200米，丘顶浑圆，坡缓，地表有溶沟、溶槽、小溶洞；面积426千米²，约占全县总面积的17.2%，主要分布在中部、西南部及南部。全县海拔25～50米的垄岗782千米²，占全县总面积的31.5%，主要分布在洪泽区老子山至天泉湖镇古城一线以东。

境内平原主要为滨湖圩田平原，有海拔25米以下的湖沼积平原、冲积平原和冲湖积平原908千米²，占全县总面积的36.6%。湖沼积平原分布于三河农场及马坝、穆店、管仲、鲍集等镇部分地区，地形平坦，水系发达，绝对标高多为15～20米。冲积平原分布于淮河两岸的淮河、鲍集、河桥等镇，地势平坦、宽阔，淮河入湖口有大小不等的心滩。冲湖积平原在马坝镇北部和官滩镇等地有小面积分布，地势平坦，绝对标高一般小于10米。

铁山寺国家森林公园

土壤

盱眙县土壤分布多样化，有石灰岩土、基性岩土、潮土、黄棕壤土、砂礓黑土、水稻土6个土类，总面积165977公顷。土壤有机质含量低，一般不足0.2%，pH7～8，呈弱碱性。

石灰岩土质地较黏，色泽暗棕，心土层结构体表均有光质胶膜，土壤物理性状良好，主要分布在官滩、古桑、盱城等镇（街道），面积4954公顷，占土壤总面积的3%。基性岩土质地比较疏松，为暗棕色至暗褐色，土壤肥力较高，主要分布在河桥、桂五、天泉湖、黄花塘等镇（街道），面积48327公顷，占土壤总面积的29%。潮土为黄泛冲积物、风化冲积淤积物经圩垦、旱耕熟化而成的农业土壤，质地为重壤土，主要分布在淮河、鲍集、管仲、盱城、古桑等镇（街道）的河涧两侧沿淮洼地，面积14854公顷，占土壤总面积的9%。黄棕壤土质地黏重，供肥能力不高，分布较广，遍及全县，面积59723公顷，占土壤总面积的36%。砂礓黑土土体灰褐色，质地黏重，主要分布在马坝、淮河、管仲、鲍集、官滩、穆店、黄花塘、桂五、古桑等镇（街道），面积7092公顷，占土壤总面积的4.3%。水稻土质地黏重，保土保肥性能好，主要分布在官滩、马坝、穆店、三河、盱城、淮河等镇（街道、农场），面积31027公顷，占土壤总面积的18.7%。

天泉湖秋韵

气候

盱眙县地处北亚热带与暖温带过渡区域，属季风性湿润气候，四季分明，年际变异性突出。春季气温回升快，秋季降温早；春、秋两季光照足，昼夜温差大；夏季较炎热（最高气温39℃，持续不超过5天），冬季寒冷早（最低气温-12℃，持续不超过7天）。年平均日照时数2056小时，年辐射量480千焦/

厘米^2，年平均气温15℃，无霜期255天，年平均降水量972毫米。年平均活动积温，0℃以上6042.1℃，初日为2月11日，终日为12月25日，初、终间日数318天；10℃以上5421.5℃，初日为4月10日，终日为11月18日，初、终间日数224天。光温资源年内分布呈"双峰"形，境内气候资源分布略有差异。日照西北高于东南，年相差100～120小时；气温由西南向东北递减，年均相差0.4℃；降水量由南向北递减，南部低山丘陵的降水量较东北平原、圩区多100～150毫米。2023年，盱眙县空气质量优良天数307天，优良天数比例为84.1%。

水文水系

盱眙县跨河临湖，水网密布。当地水资源主要来自降水径流，包括地表水资源量及浅层地下水资源量。多年平均降水量972毫米，春、秋季降水量190～240毫米，常有连阴雨天发生；夏季降水量最多，6月下旬至7月下旬受梅雨影响，多雷暴雨，出现降水高峰；冬季降水量最少，常有冬旱发生。多年平均地表径流量为6.718亿米^3，其中5—9月地表径流量占全年的95%左右。地下水资源量主要为降水入渗补给量，多年平均地下水资源量为2.833亿米^3。2023年，盱眙县国考断面水质达标率100%，地表水达到或好于三类水体比例90%；全年总用水量5.36亿米^3，其中农业用水量4.83亿米^3。

淮河干流（盱眙段）

　　盱眙县域面积2497千米²，其中水域面积429千米²，水质优良，水面开阔，呈弱碱性。境内有126座中小型水库，是江苏省唯一的"百库之县"；2条流域性河道，分别为淮河和入江水道；5条区域性河道，分别是团结河、仇集大涧、维桥河、高桥河、汪木排河，全长150.8千米；18条一般县级河道、164条乡级河道、5084座塘坝、3783条村庄沟，另外还有山港100多座、湖泊8个，等等。淮河干流（盱眙段）全长64.95千米，水域面积80多千米²，河宽400～1300米，水深4～11米，弯度大，滩涂多。洪泽湖（盱眙部分）湖岸线长60千米，水域面积136.9千米²，占洪泽湖总面积的6.6%。三河（盱眙段）即入江水道全长20.5千米，宽300～760米，深3～5米。

生物资源

　　盱眙县气候温和湿润，四季分明，光照充足，地形地貌多样，生物资源十分丰富。全县共有维管植物种类621种，其中国家一级保护植物4种、国家二级保护植物5种。野生树木资源主要有朴树、黄连木、黄檀、麻栎、槲栎等，人工造林树种有黑松、马尾松、湿地松、火炬松、侧柏、银杏、杨树等。全县有野生动物30多科80多种，其中国家二级保护动物有河麂、水獭、黑颈鸊鹈、黄嘴白鹭等。2022年末，盱眙县森林覆盖率达27.07%，建成区绿化覆盖率达44.2%。

　　盱眙地处大别山余脉，中药材资源丰富，是江苏省三大中药材产区之一。境内有野生药用植物780个品种、药用动物42个品种。蜈蚣、灵芝、黄精、猫爪草等名贵药材，丹参、山楂、桔梗、柴胡、白头翁等常规药材远销省内外。

冬日的盱眙是候鸟的天堂

　　盱眙县水域内水草茂密，浮游生

洪泽湖虾类国家级水产种质资源保护区

物、底栖动物等天然饵料极为丰富。全县浮游动物有4门32科69属，尤其是在洪泽湖、陡湖的水草区和水边滩地、港湾内数量最多，达到3400～4500个/升。浮游植物有7门36科98属，易于小龙虾采食的绿藻门、硅藻门的种类最多。水生植物有2门18科，主要是芦苇、蒿苗、芡实、菱、藕等。沿湖岸边滩地的干湿地带生长有小龙虾喜食的荆三棱席草、红草等，干湿地到浅水滩地生长芦苇，为小龙虾提供了天然的攀缘和隐蔽场所，菰草、蒲草、水葱、莲、苔菜、马来眼子菜等水草密布县内各个水域。盱眙县内洪泽湖、陡湖等水域内底栖动物有39种，总量达33.79万吨。

丰富的生物饵料为小龙虾营养物质形成提供了坚实的基础，使得盱眙龙虾较其他产地明显个大、体肥、营养丰富，并具有以下特点：体表清洁、色泽光亮、鳃丝清晰、呈玉白色，腹部净白、色素线明显，气味纯正，活力强劲。

龙虾产业布局

盱眙县得天独厚的自然环境、温和湿润的气候资源，为小龙虾养殖提供了优越的生长条件。2009年6月11日，国家质检总局批准对"盱眙龙虾"实施地理标志产品保护，保护范围为盱眙县现辖行政区域内自然水域。2021年6月4日，农业农村部批准对"盱眙龙虾"实施农产品地理标志登记保护，划定的

盱眙龙虾

地域保护范围为盱眙县所辖马坝、官滩、黄花塘、桂五、管仲、河桥、鲍集、淮河、天泉湖、穆店、盱城、古桑、太和13个镇（街道）255个行政村，保护面积24.97万公顷，养殖面积5.3万公顷，年产量8万吨。

2021年，盱眙县编制《盱眙龙虾产业"十四五"规划（2021—2025年）》，确定"一园、二带"盱眙龙虾养殖空间布局方案。其中"一园"即盱眙国家现代农业产业园，面积32.9万亩，占全县总面积的8.8%；涉及马坝、穆店、盱城、淮河、管仲、鲍集6个镇（街道）41个村居的9.52万人；园区内稻虾共生种养面积达10.41万亩，从事稻虾产业农户超过4000户。"二带"即稻虾产业集聚带和大运河"百里画廊"稻虾共生产业带。稻虾产业集聚带串联一事三产，衔接绿色稻虾共生区、规模养殖高效区、高效科技示范区、现代加工物流区、渔业功能拓展区、渔业技术服务区，引领打造集生态种养、科普教育、产品展示、休闲观光等功能于一体的稻虾产业集聚带。大运河"百里画廊"稻虾共生产业带，依托"百里画廊"沿线马坝段、官滩段等土地流转和产业结构调整，大力实施稻虾共生、莲虾共生，并实施节点农旅融合开发工程，推出系列慢生活度假游线路，打造国家级旅游风景区。

2023年，盱眙县共有12个镇（街道）进行小龙虾养殖，其中鲍集、马坝、管仲、淮河、黄花塘5个镇的养殖面积均在10万亩以上，占全县小龙虾养殖面积的69.05%，官滩、穆店、天泉湖、河桥、桂五、盱城、古桑7个镇（街道）的养殖面积占全县小龙虾养殖面积的30.95%。

盱眙龙虾养殖空间布局

人文历史

　　中国最早的字典东汉许慎的《说文解字》曰：张目为盱，直视为眙。盱眙，寓意登高望远、高瞻远瞩。距今四五万年之前，下草湾人就在盱眙一带繁衍生息，这里是江苏最早有人类活动的地区之一。春秋时，盱眙名善道，属吴国，曾是诸侯会盟的地方。秦始皇统一中国实行郡县制时，盱眙建县，名盱台（音怡），汉武帝元狩六年改为盱眙县。境内有都梁山，隋大业初，炀帝在盱眙建都梁行宫后，盱眙别称都梁。1955年，盱眙县由安徽省划归江苏省，属淮阴专区。1983年，江苏省实行市管县体制，盱眙县隶属淮阴市。2001年，淮阴市更名淮安市，盱眙县隶属淮安市。

淮河明珠，南北要冲

　　南宋文学家陆游在《盱眙军翠屏堂记》中写道："国家故都汴时，东出通津门，舟行历宋亳宿泗，两堤列植榆柳槐楸，所在为城邑，行千有一百里，汴流始合淮以入于海。南舟必自盱眙绝淮，乃能入汴，北舟亦自是入楚之洪泽，以达大江，则盱眙实梁宋吴楚之冲，为天下重地，尚矣。"在隋唐以来形成的逶迤千里的交通大动脉上，盱眙恰好扼东西咽喉、据南北要冲，是一个水陆交通的重要枢纽。

泗州城遗址的碑座

盱眙县城西郊、淮河对岸的一片农田中，立着一块石碑，上面写着"全国重点文物保护单位——泗州城遗址"。隋大业元年（605年）通济渠开通，自板渚引黄河水入汴渠，向东至开封转东南，经商丘、宿县、泗洪，至盱眙县北入淮河。唐开元二十三年（735年），为了加强汴渠漕运管理，徙泗州于汴口临淮县（盱眙第一山对岸），遂改临淮县为泗州城。泗州城南临淮水，西靠汴河，在唐宋两代是漕运中心，有"水陆都会""南北要冲"之称。据康熙《泗州志》记载，这里"北枕清口，南带濠梁，东达维扬，西通宿寿，江淮险扼，徐邳要冲，东南之户枢，中原之要会""天下无事，则为南北行商之所必历；天下有事，则为南北兵家之所必争"。鼎盛时期，泗州城中有15条大街、34条巷道，9000余户居民、3.6万余人，房舍密布，交通便利，商贾云集。

古泗州城一角

隋唐和北宋时期，泗州城扼守淮河两岸及通济渠入淮的南口，牢牢把控着京城的物资供应通道，具有突出的军事、交通和经济地位。通济渠的漕运量，唐代年平均三四百万石*，最高600万石；北宋年平均600万石，最高达

---

* 石为非法定计量单位，据史料记载，唐代1石＝53千克，宋代1石＝59.2千克。

800万石。此外，通济渠的客运量也不小，南来北往的商贾和仕宦都要经过泗州城。唐代诗人李敬方诗云："汴水通淮利最多，生人为害亦相和。东南四十三州地，取尽脂膏是此河。"北宋大臣张方平亦认为"汴河乃建国之本"。

南宋时，宋金以淮河为界，泗州城榷场贸易发达。自蒙元以降，大运河主要连接北京与江南地区，改从淮安经过后，泗州城地位有所下降。明代时，因朱元璋在城北建祖陵，每年举行各类祭祀活动，泗州城升格成为朱明王朝的行宫，再度繁荣空前。清康熙十九年（1680年）夏，因黄河夺淮入海，历经唐宋元明四代、繁盛了九百多年的泗州城，在一场持续数十日的暴雨中被彻底淹没，成为"东方庞贝城"。

清光绪《盱眙县志稿》载："今洪泽湖受全淮之水，入淮之水皆入焉，长一百三十里，阔一百二十里。"近代以来，随着洪泽湖的逐渐扩容，盱眙县成为千里长淮入大湖的锁钥，既迎送着每日东西来往的舟船，又承接了淮河上中游15.8万千米^{2}流域的来水压力，成为名副其实的"洪水走廊"。从隋唐大运河的"南北要冲"，到淮河中下游的"东西咽喉"，一代代盱眙人在淮河两岸繁衍生息，终于把盱眙县建成了如今的"淮河明珠，幸福家园"。

明皇故里，人文胜地

明祖陵位于盱眙县城北、淮河北岸的洪泽湖西岸，是明太祖朱元璋的高祖、曾祖的衣冠冢及其祖父的实际殁葬地，位处明代诸帝陵之首，故又称"明代第

盱眙明祖陵坐落在洪泽湖西畔的淮河入湖处

一陵"。明祖陵规模宏大，有城墙三道，二十一对神道石刻，金水桥三座，殿亭楼阁千间，占地面积上万亩，现为全国重点文物保护单位、国家AAAA级景区。

据《朱祖璋系年要录》介绍，朱元璋的祖籍在金陵句容的通德乡朱家巷。元朝初年，为逃避官府苦役，朱元璋的祖父朱初一携带全家老小，逃到盱眙，居住在古泗州城北十三里的孙家岗，以替人放牛为生。元天历元年（1328年），朱元璋出生于盱眙县太平乡。朱元璋少年时放牛，后又讨饭，再到皇觉寺里做童僧，受尽人间疾苦。元至正十二年（1352年），朱元璋参加郭子兴领导的红巾军，后又拉起盱眙子弟，创建自己的义军队伍，举义反元。经过数年南征北战，朱元璋于洪武元年（1368年）登上皇位。一统天下后，朱元璋追尊他的高祖朱百六为玄皇帝，曾祖朱四九为恒皇帝，祖父朱初一为裕皇帝，父亲朱五四为淳皇帝。洪武十九年（1386年），朱元璋命皇太子朱标，到泗州城北杨家墩，大兴土木，建造祖陵，到永乐十一年（1413年）全部建成。至此，杨家墩改称明陵村。

游客在明祖陵景区游玩

盱眙人文荟萃，英才辈出。春秋时期，管仲和鲍叔牙在盱眙经商，意外拾得金条，苦寻无主后义赠桑梓，留下了"管鲍分金"的佳话；秦末农民起义领袖之一的陈婴，起兵反秦，后与项梁、项羽会合，拥立楚怀王熊槐的孙子熊心为怀王；三国时，官至司徒、受封东阳侯的政治家陈矫，辅佐魏文帝登基，稳定政局；南北朝时，刘宋盱眙太守沈璞和辅国将军臧质以区区三千守军，力拒北魏拓跋焘三十万大军，北魏军围攻一个多月都无法攻克，只得仓皇退兵；唐朝时，以骁勇而驰名的军事家刘金，破秦彦，败孙儒，屡立战功……

历代文人在盱眙也留下不少印迹。初唐四杰之一的骆宾王在盱眙写下《早发淮口望盱眙》，诗人常建任盱眙尉时留有《晚泊盱眙》，韦应物、李绅、韩愈、白居易、温庭筠等名家也在盱眙留有诗文。北宋时，苏轼、黄庭坚、米芾曾到过盱眙，并留下墨迹；南宋时，诗人杨万里在盱眙写有多篇诗作。清代著名词人陈维崧在盱眙留有诗词。当代作家张贤亮回盱眙祭祖寻亲，留下散文《故乡行》。

黄花塘新四军军部纪念馆

红色热土，革命老区

　　黄花塘新四军军部纪念馆位于盱眙县黄花塘镇黄花塘村，是全国重点文物保护单位、国家AAAA级旅游景区。纪念馆由新四军第四师师长、国防部原部长张爱萍将军题写馆名，占地面积近10万米²，其中主体纪念馆5000多米²，造型别致，气势雄伟。除纪念馆外，还有新四军文化艺术馆、军部礼堂旧址，以及陈毅、饶漱石、张云逸、曾山旧居等建筑。

　　1941年1月4日，发生了震惊中外的"皖南事变"；1月20日，新四军在苏北盐城宣布重建。1942年底，新四军以"黄河纵队"称谓，从盐城停翅港移师盱眙黄花塘。从1943年1月至1945年8月的近三年时间里，尽管日伪军就在相距20多千米的盱眙城驻扎，但是新四军军部却在敌人的眼皮底下巧妙周旋。在艰苦卓绝的条件下，新四军军部运筹帷幄，粉碎了日伪军的多次扫荡、清乡，以及国民党顽固派的摩擦、进攻。新四军指挥华中地区的

新四军后人参观纪念馆

抗日斗争，在苏皖浙鄂豫五省开辟了八个敌后抗日根据地，在日军统治的心脏地区插上了一把把尖刀，使华中地区成为对敌斗争的主战场，配合全国抗日战争由相持阶段转入反攻的关键阶段。新四军和八路军一起，为夺取抗日战争的全面胜利做出了巨大贡献，也付出了重大牺牲。

黄花塘时期是新四军军部立足最稳、驻扎时间最长、功绩最为显赫的时期。同时迁往黄花塘的还有中共中央华中局、中共江苏省委、华中建设大学、新四军二师机关、新四军兵工厂、被服厂、卷烟厂等，分布在黄花塘附近的旧铺、古城、平安等乡镇的数十个村落。新四军军部在黄花塘稳定之后，逐渐形成了华中地区军民抗战中枢，不仅是南方根据地干部前来学习和培训的地方，更是南方热血青年向往的革命圣地，一直持续到抗战胜利。

生态家园，山水名城

铁山寺国家森林公园位于盱眙县西南部，距盱眙县城约45千米，为国家AAAA级旅游景区、全国农业旅游示范点、苏北首家省级旅游度假区。森林公园占地面积70.58千米^2，其中23.73千米^{2}的次生林海和群山环抱着9千米^{2}的天泉湖构成了独特的小气候环境。这里繁衍生息着40多种野生动物、170多种鸟类、280多种树木、800多种中草药及近千种植物，其中绝大多数为南北地

秋雨后的铁山寺国家森林公园

星河灿烂：紫金山天文台盱眙天文观测站

域边缘物种，是天然的动植物基因库。中国种子植物全部15个分布区类型中，铁山寺国家森林公园就占了14个，由此成为江苏省保存最好、面积最大的野生动植物王国。2001年，我国唯一的天体力学实测基地——紫金山天文台盱眙天文观测站在铁山寺国家森林公园跑马山的山顶建成，至今已发现近5000颗新小行星，其中4360号小行星经国际小行星命名委员会批准命名为“盱眙星”。

盱眙第一山国家森林公园位于盱眙县城北部，雄踞淮水南岸，是国家AAAA级旅游景区。第一山原名南山，因盛产都梁香草，故又名都梁。北宋绍圣四年（1097年），书画家米芾赴任涟水知军，由汴京经汴水南下就任，一路平川，入淮时忽见奇秀的南山，诗兴勃发：“京洛风沙千里还，船头出汴翠屏间。莫论衡霍冲星斗，且是东南第一山。”从此，南山易名“第一山”。明代大文豪吴承恩在《西游记》中对盱眙山的美景有过精彩的描绘：“山顶上有楼观峥嵘，山凹里有涧泉浩涌，嵯峨怪石，槃秀乔松。……上边有瑞岩观、东岳

2020年11月长三角百名融媒体记者走进盱眙第一山国家森林公园

宫、五显祠、龟山寺，钟韵香烟冲碧汉；又有玻璃泉、五塔峪、八仙台、杏花园、山光树色映蠑城。白云横不度，幽鸟倦还鸣。说甚泰嵩衡华秀，此间仙境若蓬瀛。"南宋诗人杨万里说"第一山头第一亭，闻名未到负平生"，不游第一山将抱憾终身。第一山摩崖留有苏轼等名人手迹（题刻）139块，书法诸体兼备，2013年被列入全国重点文物保护单位。

盱眙县山水相依，风光旖旎，生态优良，文旅资源丰富。境内65千米的淮河穿城入湖，126座中小型水库星罗棋布，27.07%的林木覆盖率、44.2%的城市绿化率让盱眙葱茏叠翠。盱眙县是国家级生态县、全国森林旅游示范县、全国县域旅游综合实力百强县，连年被评为"全国百佳深呼吸小城"，拥有"亚洲最美星空"美誉。全县拥有国家AAAA级旅游景区4家、全国重点文物保护单位4处、江苏省级旅游度假区1家、省级重点文物保护单位6处、省级乡村旅游重点村5家、省级工业旅游区1家、省级五星级乡村旅游区1家。2023年，盱眙县接待游客786.69万人次，旅游总收入84.36亿元。2024年6月，"2024年全国县域旅游综合实力百强县"名单在北京发布，盱眙县名列第39位，这也是盱眙县第五次榜上有名。

龙虾之都，产业高地

"盱眙龙虾"作为一个特色品牌，近年来驰名海内外，使许多原来不认识"盱眙"这两个字的人，因龙虾为媒认识了"盱眙"二字，了解盱眙风情，爱上盱眙山水。盱眙县从20世纪80年代开始人工养殖小龙虾，1993年首创将小龙虾制成料理，推上餐桌，形成了具有盱眙特色的麻辣小龙虾、清水小龙虾、十三香小龙虾等系列产品，迅速掀起了盱眙小龙虾美食的"红色风暴"。自2000年盱眙县龙年龙虾节开创节庆引领

中国龙虾之都——江苏盱眙

先河，到中国龙虾节红遍全国，再到国际龙虾节享誉全球，连续24年不懈坚持、接续打造。如今，中国·盱眙国际龙虾节已经实现了国内六地联办、国际四国联动，在延续开幕仪式、开捕仪式、文艺演出、万人龙虾宴等经典节目的基础上，植入更多时尚元素，开启线上狂欢新模式。2008年6月，盱眙县被中国烹饪协会命名为"中国龙虾之都"。2017年6月，中国渔业协会授予盱眙县"中国生态龙虾第一县"称号。2023年，盱眙龙虾养殖总面积达97.5万亩，总产量12.5万吨，养殖面积和产量位居江苏省第一；"盱眙龙虾"品牌价值达353.12亿元，连续8年位列全国地理标志品牌水产类第一。

盱眙龙虾成于民间，兴于文化。盱眙龙虾文化挖掘带动了传统文化、生态文化，促进了旅游文化。盱眙县将龙虾与创意文化接轨，创作出《泡菜爱上小龙虾》《美食大冒险之英雄烩》等盱眙

有滋有味龙虾节现场

龙虾主题影视，兴建盱眙龙虾博物馆、龙虾大厦、龙虾科技园，还创作出《淮河美》《开心龙虾节》《盱眙之恋》《丰收的盱眙》《我在盱眙等你来》《盱眙 盱眙》等近百首原创歌曲，开发出以龙虾为素材的动漫卡通、龙虾雕塑、龙虾包装物等大量旅游文化纪念品。一年一度的龙虾节成为盱眙人最盛大的节日，龙虾文化成为盱眙现代文化的一个重要组成部分。

在举办龙虾节的过程中，盱眙人欣喜地发现，龙虾自身蕴藏的这种精神是足以影响并惠泽盱眙人一生的精神。龙虾节庆不仅打开了盱眙人思想的"锁"，还解开了盱眙人心里的"结"；不仅改变了盱眙人的对外形象，扩宽了视野，更带来了这座城市气质的整体提升。盱眙人将"五湖四海闯荡，红红火火终身"的龙虾精神，凝练提升为盱眙"向上向善、向南向前"的城市精神和干事创业精神，并继续引领盱眙龙虾产业和盱眙县社会经济事业的健康快速发展。

 # 品质特色

    小龙虾学名克氏原螯虾，原产北美洲，1918年由美国引进到日本，1929年由日本引进到中国，现主要分布于我国长江中下游地区。盱眙县从20世纪80年代开始人工养殖小龙虾，凭借地处洪泽湖畔、淮河之滨的好山好水优势，孕育出盱眙龙虾"三白两多"的独有特色，并研制出十三香的烹调方法，迅速火遍大江南北。"盱眙龙虾"先后获得地理标志证明商标注册、国家地理标志产品保护认证和农产品地理标志登记，入选中欧地理标志协定第二批保护清单，受到国内外消费者青睐。

盱眙龙虾品质特性

    盱眙龙虾体表具坚硬外骨骼，头部和胸部粗大完整，其前端有一额角，呈三角形，腹部和头胸部明显分开，全身由21个体节组成。

1. 外在感官特征

盱眙龙虾成品体长≥8厘米，体重≥40克。个大体长，雄性背长、螯小，雌性臀围粗大、抱卵量大、产仔多，腹部污染物沉积少。头胸甲、腹甲及螯足、步足呈红色或浅红褐色，体表清洁，色泽光亮，气味纯正，腹部净白，色素线明显。鳃丝清晰，呈玉白色，虾黄丰满。熟制后外壳鲜红光亮，肉质洁白、细腻滑嫩，富有弹性，味鲜悠长。

2. 内在品质指标

盱眙龙虾成品含水量≤81%，灰分≤3.0%，粗蛋白含量16%～20%，粗脂肪含量≤6%，出肉率≥21%；总氨基酸含量≥15.26%，其中精氨酸含量≥16.1%、组氨酸含量≥3.7%。

3. 龙虾界的"白富美"

消费者购买盱眙龙虾制成品时，包装上的"三白两多才是好龙虾"这九个字特别吸睛。所谓"三白两多"，说的就是盱眙龙虾腹白、腮白、肉白及黄多、肉多。打开包装，小龙虾外壳干净清爽，因为盱眙县已实现了稻虾共生的生态种养模式，在如此环境下生长的小龙虾成为同类中的"白富美"也就不足为奇了。

亮白干净。盱眙人把小龙虾养殖在稻田里，水质干净，水草丰美，产出的小龙虾活力足，体表洁净。其虾壳红亮，底板干净，掀开龙虾的胸壳，鳃丝洁白，虾黄呈健康的黄亮色。

'盱眙1号'外观特征

营养丰富。盱眙龙虾生长周期较其他地区长一个月左右，加上饵料丰富，使其个头更大，虾尾肉更饱满，虾黄更充盈。其蛋白质含量高于大多数的淡水和海水鱼虾，并含有脊椎动物体内含量很少的精氨酸和婴幼儿必需的组氨酸。小龙虾还富含钙、锌、钠、钾、镁、碘、磷、铁、硫、铜、硒等元素和不饱和脂肪酸DHA等多种对人体有益的营养物质。

美的享受。盱眙龙虾体型健美，肉质紧致Q弹，因其体内褪壳素较多（一生最多可褪壳18次），可以更好地促进新陈代谢。它还富含虾青素，有较强的清除自由基作用，能抗氧化，提高免疫力。盱眙龙虾营养丰富，肉质松软，易消化，对身体虚弱及病后需要调养的人都是极好的食物。

质量技术管理规范

小龙虾学名克氏原螯虾（Procambarus Clarkii），属甲壳纲、软甲亚纲、十足目、蝲科。小龙虾喜欢水源充足、水质优良、无污染、透明度在30～40厘米的生长环境，pH7.0～8.5。水底土质为黏土，深水区水位1.2～1.5米，浅水区面积占总水面的1/3～2/3。

1.养殖技术

苗种。洪泽湖、陡湖等自然水域出产的优质龙虾苗种，体质健壮，活力较强，附肢齐全，无病无伤。

苗种放养。春季放养：4—5月投放体长2～4厘米的幼虾，放养量22.5万～

黄花塘镇稻虾共生综合种养基地

30万尾/公顷，5月上中旬前放养结束。秋季放养：8月底至10月初投放300～450千克/公顷，经人工挑选10月龄以上、体重30～50克的亲虾，雌雄比为2：1或1：1；也可直接投放抱卵亲虾，每公顷投放量≤300千克。

投饲管理。动物性饲料占30%～40%，谷实类饲料占60%～70%（水草类不计算在内）；一般每天投喂2次饲料，投饲时间分别在上午7—9时和下午5—6时。当水温低于10℃时，可不投喂饲料。

水质管理。春季水深保持在0.6～1米；夏季水温较高时，水深控制在1～1.5米。每7～10天换水1次，高温季节每2～3天换水1次；每次换水量为池水的20%～30%。

环境、安全要求。饲养环境、疫情疫病的防治与控制，必须严格执行国家

穆店镇维桥村养殖户正在分拣准备上市的小龙虾

相关规定，不得污染环境。

捕捞。捕捞期为6月上旬至10月底，捕捞规格体长不得小于8厘米。

2.标志、包装、运输、贮存

标志。产品包装上应有牢固、明显的标志，并符合GB 7718的规定。

包装。将虾装于蒲包、网袋、竹筐及其他专用的包装材料中，包装材料应卫生、洁净、无毒、无害、无味，并有利于虾体保活，同时应保证其所需氧气充足。运输包装箱的图示标志应符合GB/T 191的规定。

运输。在低温清洁的环境中装运，保证存活。运输工具在装货前应清洗、消毒，做到洁净、无毒、无异味。运输过程中，防温度剧变、挤压、剧烈震动，不得与有害物质混运，严防运输污染。

贮存。贮存中应保证其所需氧气充足。暂养用水应符合NY 5051—2001的规定。贮存容器及场所应防止有毒有害物质的污染。

盱眙龙虾烹饪方法

盱眙县是江苏省三大中药材产区之一，盱眙人经过反复研究、科学配比，

精选30多种中草药，试制出既能去除小龙虾土腥味，又能使小龙虾产生异香口味的调料。用这种调料烧制出来的龙虾药膳被人们称为"盱眙十三香龙虾"，迅速征服了国内外食客的味蕾，很快就风靡大江南北。要说盱眙十三香龙虾好在哪里，概括一下就是辣不过口、麻不伤舌、甜而不腻、吮指回味、清香扑鼻、食之鲜活、回味绵长。

盱眙十三香龙虾调料指的不止是13种中草药，根据不同香型配制的中草药达30多种，有麻、辣、鲜、香、甜、嫩、酥七种口感。其主要配料有都梁香草（泽兰）、甘草、杜仲、天麻、干姜、甘松、木香、肉桂、孜然、香叶、辛夷、八角、阳春砂、海带、桂皮、胡椒、荜茇、山楂、陈皮、花椒等。

盱眙红叶饭店张玉兰正在烧制十三香龙虾

1.选购龙虾

盱眙龙虾之所以美味，选材是关键。优质的小龙虾应该体色鲜艳，肉质饱满，活力旺盛。在选购时，要挑选鲜活体健爬行有力的，个大、肉实、壳亮、肚白、鳃丝清爽的小龙虾。要注意观察虾壳的颜色是否鲜艳、虾肉是否有弹性等，这些都是判断小龙虾新鲜程度的重要依据。

2.清洁洗刷

采购回来的小龙虾要做好四步工作：第一步整理，剪掉虾须和大钳后的小爪；第二步吐污物，将剪好的小龙虾放在有流动的活水盆里使其吐污，时间半小时左右；第三步洗刷，将吐好的小龙虾用刷子里外刷一遍，特别要刷的是小龙虾

盱眙龙虾餐饮店的工作人员展示各种口味的小龙虾

的腹部；第四步清洗，将刷好的小龙虾放在清水里进行清洗，捞出淋干待用。

3.调料准备

每2千克左右的小龙虾准备约50克的盱眙十三香龙虾调料，准备少许切好的生姜片、剥净的大蒜瓣、切成碎块的青辣椒和葱段，胡椒粉、花椒粉、川椒、啤酒备用。

4.烹饪过程

取锅烧热，放入烹调油（一般用菜籽油），油热时放入花椒，炸出香味后捞出花椒，再放入葱段，炸出香味，倒入小龙虾。用铲、勺炒小龙虾到发黄时，放入料酒，继续炒，待有香味发出即可。在炒出有香味的小龙虾中，加入啤酒、盐、糖、辣椒粉，大火烧开。再放入龙虾调料，要辣，多放一些红油；要麻，多放一些花椒。小火炖10分钟，待汤汁快要烧干入味时，放入青椒块、葱段、蒜瓣，烧5分钟后浇上麻油即制作完成盱眙龙虾。

盱眙龙虾的烹饪口味，还有都梁香龙虾、泡菜龙虾、冰镇龙虾、蒜蓉龙虾、红茶龙虾等多种，会给人带来不一样的味觉体验。

到盱眙品尝有滋有味的小龙虾

盱眙龙虾消费市场

盱眙龙虾以其独有的品质特色和卓越的品牌影响力，赢得了国内外消费者的青睐。2023年，盱眙县龙虾养殖面积达97.5万亩，产量12.5万吨，交易额突破88亿元。全县规模以上小龙虾深加工企业11家，年加工能力3.39万吨；有规模小龙虾调料生产厂家32家，年产调料1万余吨，产值超过5亿元；县内开设小龙虾餐饮店3000余家、品牌店1000余家，全国开设盱眙龙虾餐饮加盟店2000余家，开发小龙虾系列产品近100个，消费市场遍布全国20多个省份，形成多家大型餐饮服务业产业联盟。

中国新闻社在报道《盱眙：夜宵顶流来啦！"龙虾之都"尝鲜正当时》中写道："有人说小龙虾才是最好的社交食物，因为在吃小龙虾的时候，人们会放下手机，沉浸式剥虾壳、话家常。此外，小龙虾的肉质鲜美、烹饪方式多样可以兼顾人们的口味需求。所以在日益丰富的'夜宵江湖'中，小龙虾总能稳坐'顶流'宝座。而吃小龙虾的好去处，莫过于江苏盱眙。"在盱眙的大小餐馆，小龙虾上桌时用的是面盆或脸盆，三五好友围盆而坐，剥壳、吃虾、畅聊，恍惚间，会有身在东北大块吃肉、大碗喝酒的豪爽之感。精致的江淮水乡也会有偶尔的放浪形骸，盱眙龙虾功不可没。

　　随着消费者对品质生活的追求升级，盱眙龙虾以其独特的口感和丰富的营养价值赢得了越来越多食客的青睐。餐饮业者纷纷推出创新菜品，将盱眙龙虾与各种食材巧妙搭配，满足了不同口味的需求。同时，线上订餐平台的普及使得盱眙龙虾更加便捷地走进千家万户，无论是家庭聚会还是朋友小聚，盱眙龙虾都能成为餐桌上的亮点。此外，盱眙龙虾还通过文化节庆活动等形式加强品牌推广，进一步扩大了市场影响力，成为餐饮消费市场的一颗璀璨明星。

　　当代作家张贤亮是盱眙籍人，他在散文《故乡行》中这样写道："盱眙龙虾壳较厚，肉质虽细嫩，可是每只就那么一点点塞牙缝的实质性内容，一脸盆龙虾端上来，一脸盆虾壳端下去，酒足饭饱后好像脸盆里并没有少什么。所以，与其说是吃它的肉，不如说是因烹调它的调料使它的肉汁越吮越有味道。我是一贯不吃辣的，但此辣非干辣，此麻非干麻，辣得很温柔，麻得让人有陶醉之感。"2008年6月20日，张贤亮专程参加盱眙龙虾节在北京的推介活动，他开场就说："你知道吗？很多朋友跟我说，盱眙现在出了两样有名的'东西'，一个是张贤亮，一个就是盱眙龙虾。真的出名啊！美国人邀请我访问，在纽约的唐人街上，我亲眼看到挂着'盱眙龙虾'的招牌，太出名啦！张贤亮和盱眙龙虾同时登陆美国。"

　　近年来，盱眙龙虾在进出口贸易端呈现出蓬勃的发展态势。凭借其独特的风味和优良的品质，盱眙龙虾逐渐成为国际市场上的宠儿，出口量和出口额均实现了稳步增长。通过参加国际食品展会、开展海外营销推广等方式，提高了品牌知名度和

外国友人品尝盱眙龙虾

影响力。2023年，盱眙龙虾出口量105吨，出口额722万元。其中，虾仁出口美国60吨，出口额372万元；整肢虾出口澳大利亚、加拿大、日本及中国澳门45吨，出口额350万元。

全国稻渔综合种养示范区

生产管理

　　盱眙县自2015年开始推广"种草养虾、养虾有稻，稻法自然、生态循环"的稻虾共生种养模式，2018年荣获国家级稻渔综合种养示范区、中国特色农产品优势区，2022年1月获批第四批国家现代农业产业园、8月入列首批江苏省现代农业（盱眙龙虾）全产业链标准化基地、11月建成国家稻虾共生标准化示范区，2023年8月获批创建国家现代农业全产业链标准化示范基地，为国内小龙虾养殖提供标准化的"盱眙样板"。2023年，全县龙虾养殖面积97.5万亩，其中稻虾共生77.5万亩、虾蟹混养及人放天养17万亩、莲藕（芡实）虾共生3万亩，年产龙虾12.5万吨。

　　稻虾共生指利用稻田种植水稻的同时又养殖小龙虾的一种高效生态循环种养模式。具体来说是每年3月中旬投苗于种好水草的水稻田，4月下旬即可收获稻前虾；6月插秧后投放第二茬虾苗，7—8月稻中虾上市；秋季水稻收割前后，放养亲虾繁殖早苗或晚苗，次年3月上市稻前虾早苗或5月上市稻后虾晚苗。一年里，稻田秋季可收获一茬稻谷，春季、夏季各收获一茬成虾，次年春季收获一茬虾苗，这种模式大幅提高了稻田养虾的经济效益。

田间工程建设

1. 稻田选择

稻虾共生田块要选择水源充沛、水质良好无污染、排灌方便、雨季不淹、旱季不涸、集中连片的稻田，以沿湖、沿河或靠近大型库区的稻田为宜。土质以壤土最好，黏土次之，砂土最劣。砂质土保水、保肥能力差，水草不易种植，同时田埂和虾沟易坍塌，导致小龙虾打洞死亡。稻田面积大小不限，以方便管理为准，田面平整，根据各地不同的地理状况，单田面积一般为10～50亩，呈长方形、东西走向为宜。其中，丘陵山区单田面积一般为10～20亩，平原地区单田面积一般为30～50亩。用于稻虾共生的田块四周应开阔向阳，光照充足，周边环境安静，水利工程设施配套要好，水、电、路三通，桥涵闸站配套。

2. 稻田改造

挖沟筑埂。一般距田埂内侧0.5～1米处开挖虾沟，虾沟上口宽3～4米，深1.2～1.5米，坡比1：1。田埂高出田面1米以上，埂面宽2～3米。稻田面积越大，虾沟则越宽。改造过程中不能破坏稻田的耕作层，开沟不得超过稻田总面积的10%，同时留好机耕道。

开挖虾沟　　　　　　　　　虾稻共生田块要留好机耕道

进水口用长型尼龙网袋过滤

稻田消毒灭菌、除野杂鱼

防逃建设。 进水口应用80目*尼龙网过滤野杂鱼苗和卵粒，排水口用40目的过滤网封堵防止小龙虾外逃。在田块四周的外围田埂上应用加厚塑料膜、彩钢瓦、石棉瓦或20目的网片等构建防逃网，网高60厘米，其中15～20厘米埋入土中，并用木棒、金属棒或塑料棒固定，同时架设防盗网和监控设备。

进、排水建设。 进、排水口分别位于稻田两端，尽量成对角设置，高灌低排，保证水灌得进、排得出，并定期对进、排水渠道进行整修。

3.放苗前准备

消毒除杂。 在水稻收割后、水草种植前，利用稻田的浅水位，一般每亩用生石灰100千克左右，进行彻底的消毒灭菌、除野杂鱼。稻前虾捕捞后，先用生石灰化水全田泼洒，一般每亩用50千克左右；虾沟中的野杂鱼如不能全部灭杀，则每亩每米水深再用20千克左右的茶籽饼经腐熟24小时后撒入水体再进行灭杀。待野杂鱼大量浮出水面后，用网捞出晒干或冰冻后可用作小龙虾饲料。

旋耕通道。 水稻收割后，用旋耕机在田面中旋出四周通道和田间通道，将旋耕区域的稻茬旋入土中，旋耕面积约占田面总面积的30%。旋耕的目的是种植水草和方便投喂、捕捞。四周通道以内埂的内侧为界，向田内方向，沿四周旋出3～4米（春少秋多）宽的通道。田间通道又分为主通道和辅通道。在稻田内每隔6～8米（春少秋多）留出稻茬，旋出主通道，通道宽度为2～2.5米，旋耕方向沿稻田长轴方向为宜（如果是方形或宽形稻田，按季风方向旋耕）。若稻田面积较大，可在与主通道垂直的方向，开出若干辅通道，辅通道之间的距离为20～30米。

---

*目为非法定计量单位，1目=25.4毫米。

种植水草。水稻收割后（秸秆留茬40厘米左右），先让田面充分暴晒一段时间，再及时种植水草，随着水草的生长，逐步提高水位。水草布局一般为挺水型、浮水型和沉水型三层。挺水型水草如茭白、莲藕、菖蒲、鸢尾等，一般种植于田埂内侧水线以下20厘米左右的地方；浮水型水草如水花生、空心菜、水葫芦、水浮莲等，一般固定种植于田埂内侧正常水线上下，并向虾沟中部延展；沉水型水草如伊乐藻、轮叶黑藻、苦草、眼子菜、狐尾藻、水韭菜等，一般种植于虾沟两侧水面以下的坡面或底部，也可大面积种植于田面上。正常的水草组合一般选择茭白、水花生、伊乐藻或轮叶黑藻组合。田面种植伊乐藻，虾沟种植茭白、水花生、伊乐藻或轮叶黑藻；水草面积一般占水体面积的50%左右。

虾沟间隔种植茭白、水花生　　　　　　　　　　　　　投放虾苗

在四周通道、主通道与稻茬的交界处种植伊乐藻，辅通道作为操作通道不种植水草。水草株距3米，行距形成与稻茬块状区域一样的宽度6～8米。虾沟中的沉水性水草以点穴式分布为主，面积占虾沟面积的20%～25%。水花生每8～10米栽植一簇，并用竹竿等进行固定，防止蔓延。在虾沟中还可种植一些茭白，与水花生最好交错或间隔种植。稻虾共生期间，虾沟内补种或养好水草，最好种植耐高温的轮叶黑藻、苦草等。

苗种放养

1.放养模式

稻前虾苗投放。一般在3月中下旬，就近选择优质虾苗或者用自主培育的虾苗投放。放养密度是每亩投放6000尾左右。虾苗进入稻虾田后应泼洒抗应激物质，如维生素C、维生素E、多糖类物质等。

稻中虾苗投放。先将稻中虾繁育的晚苗，按每亩3000～4000尾投放于虾沟内暂养，待水稻移栽（最好大苗宽行宽株移栽）活棵后，提升水位，将小龙虾赶入稻田，进行稻虾共育。

2.放养要求

质量要求。一是种性好，应经人工异地配组和繁育标准化操作生产出的小龙虾苗种。二是规格齐，虾苗的大小基本一致，整齐度达80%以上。三是标准苗，虾苗一般体长4厘米左右，每千克约300尾。虾苗偏小则抗应激能力差，成活率低；虾苗偏大则养殖周期太短，性价比差。四是壳色青，体色一致的青壳虾苗生长速度快，养成的规格大。五是体质健，虾苗壳体较硬，肠道粗细均匀，没有断节或空肠，肝脏金黄色等。六是活力强，虾苗行动快捷。

放养地点。沿田面水草处多点均匀投放，让虾自行爬入田中，避免因过分集中，导致局部水体严重缺氧而引起虾苗窒息死亡。

试水。将少量的小龙虾苗种放在盛有拟放养稻田水的容器中，待24小时后虾不死且没有不良反应，即可放养。

消毒。对于外购虾苗，运至塘口后，将装苗种的工具叠加起来，用5%的食盐水从上至下，对苗种进行一次淋浴消毒，杀灭寄生虫。

缓苗。将苗种在田水内浸泡1分钟，提起搁置2～3分钟，再浸泡1分钟，如此反复3～5次，让苗种体表吸足水分、充分排出鳃腔内空气后再放养，以提高成活率。

投放优质虾苗

虾苗在投放之前进行缓苗处理

小龙虾养殖管理

1. 饲料投喂

小龙虾苗种投放后，一般经过2～3天的适应期，就必须投喂适量的成虾养殖专用饲料。适宜投喂量应在一个生长周期内，以目标产量

投喂小龙虾专用配合饲料

为依据，一般成虾养殖目标产量：投喂量=1∶1左右。具体投喂量应根据小龙虾生长发育状况及天气、水质、疾病等灵活掌握，每天投喂1～2次，以傍晚投喂为主，投喂量占日投喂量的70%左右。在阴雨天或疾病发生时，投喂量应适当减少或停止投喂。

2. 水位调控

每年10—11月，大田水位控制在30～40厘米。越冬期间（当年12月至次年2月），随着气温的下降，逐渐加深水位至70厘米左右。次年3月，气温回升时用调节水深的办法来控制水温，使水温更适合小龙虾的生长，水位控制在30厘米左右。4月中旬以后，大田水位应逐渐提高至50～70厘米。稻虾共生期间，水位应随着水稻的生长逐步提高，到夏季高温季节应达到最高。一般株高1.2米左右的水稻，田面水位维持在20厘米以上；1.6米以上的高秆稻，田面水位可维持在40厘米左右。

3. 水质管理

保持田水溶氧量在5毫克/升以上，pH7.0～8.5。秋冬季和春季要做好肥水工作，透明度控制在35厘米左右，为水草生长、幼虾发育、青苔防治提供保障。需养护好水草，可适时使用微生态制剂和底质改良剂改善水质及底质。每20天左右泼洒一次生石灰水，每亩水面用量3～5千克。

4. 病害防治

小龙虾常见的病害有真菌病、细菌病、原生动物病、病毒病等。虾病绿色

防控四大原则：一是防重于治，以防为主；二是以菌治菌，生物防控；三是增强免疫，提高抗性；四是消毒补钙，清除杂鱼。在小龙虾专用饲料中添加大黄、维生素C、壳聚糖等免疫增强剂，提高小龙虾免疫力。

5.巡田检查

勤做巡田工作，发现异常及时采取对策。早上主要检查有无残饵，以便调整当天的投喂量；中午测定水温、pH、氨氮、亚硝酸盐等有害物质，观察田水变化；傍晚或夜间主要观察了解小龙虾活动及吃食情况。经常检查、维修、加固防逃设施，台风暴雨时应特别注意做好防逃工作，检查田埂是否塌漏，防逃设施是否牢固，防止逃虾和敌害进入。加强检查，做好防盗、防污染、防漏水，并记载饲养管理日志等。

水稻栽培与管理

1.水稻栽培

品种选择。经过国审或江苏省审/认定，种植区域适宜，耐淹、抗倒、抗病虫、早熟性好，且品质优的品种；也可选用特色功能水稻品种，如彩色稻、降糖稻等。

秧苗移栽。以人工栽培或机插秧为主，穴盘育秧，带土移栽。株行距为30厘米×20厘米，基本苗一般每亩1万穴左右，秧龄30天左右。水稻机插秧一般采用深泥脚钵苗进行机插。

水稻机插秧

种植香根草诱集水稻螟虫

2.水稻管理

烤田。稻虾田宜轻烤，水位降低到田面露出即可，而且时间要短，发现小

水稻收割后秸秆全量还田

龙虾有异常反应时，则要立即复水。

水位控制。立苗期水位保持在10厘米左右；分蘖期水位保持在10~15厘米；孕穗期至抽穗扬花期水位保持在20~25厘米；灌浆结实期采取湿润灌溉，保持田面干干湿湿；水稻收割前7天将田中积水彻底排尽。稻田换水一般晚排晨灌，保持引水水温与稻田水温相近。

用药。稻田病虫草害应以预防为主，采用农业、生物、生态、物理、化学"五位一体"的绿色防控技术。首选高效、低毒、低残留的生物农药，禁用小龙虾高度敏感的有机磷、菊酯类农药，且要科学用药。

施肥。在水稻移栽前施入1~2吨/亩的腐熟有机肥、或100千克/亩左右的饼肥、或50千克/亩左右的缓释性复混肥，之后根据水稻的生长情况，适时补施适量的液态有机肥或尿素。禁止使用颗粒状高浓度复合（混）肥作追肥，提倡使用稻虾共育专用肥、肥水宝、肥水膏等产品。有条件还可采用测土配方施肥。

3.水稻收割

水稻收割前两周左右，将大田中的积水彻底排尽。应注意排水时将稻田的水位快速地下降到田面5~10厘米，然后缓慢排水，以便小龙虾在田埂、虾沟中打洞。最后保持虾沟中的水位比田面低50厘米左右，即可收割水稻。以机械高留茬收割，留茬40~50厘米，再将秸秆粉碎全量还田。

41

成虾捕捞

1.捕捞时间

第一季小龙虾（稻前虾）捕捞时间为4月下旬至6月上中旬，第二季小龙虾（稻中虾）捕捞时间为7月至9月上旬。

捕捞第一季小龙虾（稻前虾）　　　　　捕捞第二季小龙虾（稻中虾）

2.捕捞方法

稻前虾捕捞需先缓慢降水，每天降3～5厘米，当田面水接近10厘米左右时，选择鸟类活动减少的夜晚，逐步把水位降至环沟内，再将稻虾田滩面上的小龙虾全部赶至环沟中，最后在环沟中用地笼、抄网等将成虾捕净。稻中虾在虾沟和田间通道进行捕捞。

稻田虾苗繁育

1.繁殖模式

采用繁养分离模式，苗种繁殖的面积占整个稻虾田的20%左右，其中繁殖塘的50%用于繁殖早苗（养殖稻前虾）、50%用于繁殖晚苗（养殖稻中虾）。

2.繁育管理

亲虾选择。一般选用稻前虾作亲虾繁殖早苗，稻中虾作亲虾繁殖晚苗，每亩投亲虾50千克左右，雌雄比为1：1。亲虾一般选择青壳或微红的成虾，要求只重在30克以上、性成熟期一致、附肢齐全、无病无伤、体形匀称等，配种时用至少两个驯养种群的虾配组。

消毒除野。在稻中虾捕完后将水位降至虾沟底部，用生石灰、或聚维酮碘、或二氧化氯消毒灭菌，用茶籽饼清除野杂鱼，再升高水位投放亲虾，进行亲虾培育；也可在水稻收割后进行，当亲虾进入洞穴，将稻虾田的田面和虾沟彻底暴晒一段时间后，用生石灰100～150千克/亩化水泼洒，清除病菌和野杂鱼。

肥水控苔。一是提升水位，二是培肥水质。肥水一般用经腐熟过的有机肥、市售肥水宝等产品，配合使用腐殖酸钠等遮光剂效果更佳。使用腐殖酸钠时，应确保有3个以上的晴天。

适时赶虾出洞。3月中下旬提高水位以便把虾苗赶出洞穴，从而集中捕获大虾，同时集中投喂小虾，促进小虾生长。

合理投喂。小龙虾亲虾、仔虾集中出洞后，及时投喂仔虾专用饲料，亲虾一般强化培育7～10天后就可回捕上市，仔虾一般从3月中下旬至5月上旬有50天左右的培育期，投喂量与目标产苗量等同（含亲虾取食量）。

穆店镇维桥村村民在捕捞小龙虾

3.适时捕捞

繁殖早苗的亲虾一般在当年11月初小龙虾越冬前回捕上市，而繁殖晚苗的亲虾一般在次年3月底回捕上市。次年3月中旬用小眼地笼捕早苗，5月底至6月初捕晚苗。

盱眙县通过稻虾共生种养新模式，实现"一水两用、一田双收、效益倍增"，推动安全、优质、高效、循环种养结合的生态型农业发展，促进农业增效、农民增收。2023年，全县有50亩以上稻虾综合种养大户4265户，稻虾共生商品化率达到100%，小龙虾亩产100千克以上，水稻亩产500千克以上，相较于传统的一稻一麦模式，亩均效益增加2000元以上。稻虾共生还打造了"盱眙龙虾香米"新品牌，获批国家地理标志证明商标，并获得首届全国稻渔综合种养优质渔米评比推介活动金奖、江苏好大米十大品牌等殊荣。

科技研发

　　品牌源于品质。盱眙县立足资源禀赋，坚持用科技赋能龙虾产业发展。30年来，盱眙县建立了科研推广体系，成立了中国工程院张洪程院士工作站、科技部国家粳稻工程技术研究中心江苏分中心、国家虾蟹产业技术体系盱眙小龙虾综合试验站，同十余所高校、科研机构合作，构建了龙虾产业发展的理论智库、科技研发、技术推广科研体系，取得了一系列成果。特别是近年来，盱眙人创新推出"种草养虾、养虾有稻，稻法自然、生态循环"的稻虾共生种养模式，成功创建中国特色农产品优势区、国家稻渔综合种养示范区、国家地理标志产品保护示范区、国家现代农业产业园，创新引领中国龙虾产业高质量发展。

院士领衔科研路

　　在盱眙县东部平原马坝镇旧街村，有一个江苏省级（盱眙龙虾）全产业链标准化示范基地。在这里有一个院士工作站，领衔的是中国工程院院士、扬州大学教授张洪程。张洪程是著名的作物栽培学与耕作学专家，盱眙举办龙虾节、发展龙虾产业引起这位南通籍科学家的重视与兴趣。2016年，盱眙县邀请他加盟盱眙龙虾产业进行稻虾共生科研，他慨然应允。几年来，张洪程院士团队以稻虾共生产业发展的技术需求为导向，以盱眙龙虾产业集团为平台，联合攻关稻虾共生综合种养水稻生产、品种选育等相关关键技术，取得了许多重要科研成果。

与江苏盱眙龙虾产业发展股份有限公司等合作，以共建的盱眙县马坝镇稻虾综合种养创新试验基地为核心，联合承担实施了国家重点研发计划课题"稻田综合种养绿色高效技术集成与示范"、江苏省重点研发计划项目"稻田优质绿色高效综合种养技术集成创新与示范"、中国工程院战略研究与咨询项目"中国稻田综合种养高质量发展战略研究"、江苏宁淮重点农业技术推广项目"精简高效绿色虾稻共作模式示范推广"等；联合开展了稻虾综合种养水稻品种筛选与展示、稻虾共生下稻曲病发生特征及其防治、稻虾安全高效除草剂新复配剂及杂草发生特点、对小龙虾安全的化学药剂鉴选、稻虾共生系统克氏原螯虾精准放养密度、植物生长调节剂产品施用对稻虾轮作水稻产量和品质的影响等研究；鉴选了适于稻虾轮作、稻虾共作的籼粳稻品种，研创了适应虾田稻的钵苗与毯苗机插优质高产绿色高效栽培技术、扬产糯1号-克氏原螯虾丰产绿色高效共生种养模式等。

2022年5月，张洪程院士等提交的"关于将'稻田综合种养'建成稳粮兴渔的绿色高效产业的建议"报告，获国务院、科学技术部、农业农村部批示，被农业农村部以文件《关于推进稻渔综合种养产业高质量发展的指导意见》形式采纳，该建议中明确提及"盱眙模式（稻虾）"。

张洪程院士在2022中国龙虾产业高质量发展大会作报告

院所联合成果丰

　　盱眙龙虾红，科技添双翼。多年来，在"中国龙虾之都"盱眙县，来自国家和江苏省水产科研机构及农业院校的水产专家，瞄准小龙虾育种养殖诸多前沿课题，潜心研究，快出成果，将一篇篇小龙虾论文写在盱眙数十万亩龙虾养殖基地上。

　　南京农业大学在盱眙县黄花塘镇开展稻田综合种养试验，集成稻虾综合种养关键技术，使黄花塘镇形成 8 万亩稻虾共生种养规模，农民实现养小龙虾快速脱贫致富。

　　中国水产科学研究院淡水渔业研究中心与盱眙龙虾产业集团合作攻关，进行小龙虾离体育苗和冬季大棚错峰养殖技术攻关，申请专利《一种克氏原螯虾工厂化离体育苗的方法》，并制定《克氏原螯虾种苗离体繁育技术规范》。

　　与江苏省农业科学院合作，完成了"稻虾共生"安全高效优质种养关键技术研究，制定《预制调理小龙虾速冻加工技术规程》，并研发出小龙虾意面、预制菜、盖浇饭、汉堡等产品。

　　江苏省淡水水产研究所与盱眙龙虾产业集团合作，在行业内率先开展无特定病原体优质苗种繁育科研，攻关破解小龙虾白斑综合病毒病害，成功选育小龙虾新品种（系）并进行商业化开发，集成、示范并推广小龙虾规模化精准繁育技术，进一步促进盱眙龙虾产业快速发展。

黄花塘镇 8 万亩虾稻田喜获丰收

江苏省渔业技术推广中心在盱眙县稻虾共生产业发展中，广泛培训指导广大养殖户进行科学、规范养殖，同时支持盱眙县大力实施水产三新工程（农业新品种、新技术、新模式更新工程）、挂县强渔富民工程、农业重大技术协同推广等项目。

2022年10月，江苏省、淮安市、盱眙县三级三方合作，在盱眙成立了江苏省小龙虾产业研究中心、江苏省淡水水产研究所盱眙龙虾产业研究院、江苏盱眙龙虾产业研究院有限公司、淮安盱眙龙虾产业学院。

主攻种苗"芯片"

"好种出好苗，好苗养大虾"，种苗是小龙虾的"芯片"。从"十三五"起，盱眙从高质量发展龙虾产业出发，提出从"大养虾"到"养大虾"的转变。这是盱眙龙虾产业在新的历史阶段与其他小龙虾产区"错位竞争"的一个战略部署。

1. 洪泽湖畔生态虾

万顷碧波的洪泽湖，日出斗金。淮河从盱眙进入洪泽湖，盱眙县拥有洪泽湖南岸大片滩涂。这里水草丰茂、水质清新适宜水产养殖，更是培育小龙虾苗种的绝佳之地。

洪泽湖虾类国家级水产种质资源保护区

2016年，盱眙县建成总面积950公顷的洪泽湖虾类国家级水产种质资源保护区，开展小龙虾规模化苗种稻田生态繁育，实现了春季生产成虾、夏季培育亲虾、秋冬季繁育苗种的全年候生产。这项技术在全县范围推广应用后，有效解决了小龙虾苗种供应问题。2018年，江苏盱眙龙虾产业发展股份有限公司和中国水产科学研究院淡水渔业研究中心合作，着手研究小龙虾温棚规模化繁育技术，取得了阶段性成果，为建设小龙虾苗种场奠定了技术基础。2023年，盱眙龙虾苗种繁育面积15万亩，苗种繁育产量2.25万吨，产值达8亿元。

2. '盱眙1号'问世

90多年前，小龙虾辗转日本来到中国，落户在江苏南京的河沟中。这些来自北美的小精灵，生活的环境变了，久而久之，品种也会退化。2012年，盱眙县组织小龙虾养殖龙头企业与江苏省

科技人员正在观察'盱眙1号'的体貌特征

淡水水产研究所合作，开展小龙虾品种改良技术研发。10年后，科研人员通过大量的数据收集、品种比对、实验室试验，经过四代培育繁殖，中国小龙虾第一个新品种——'盱眙1号'问世了。

江苏省农业农村厅组织专家审查验收，一致认为'盱眙1号'亲本来源清楚，技术路线合理，对比小龙虾老品种，在相同养殖条件下，'盱眙1号'在生长速度、规格、产量方面均有明显优势。其生长速度平均提高18.6%，收获体重平均提高18.62%，亩产提高18.8%，且性状稳定、规格整齐。

在'盱眙1号'问世的同时，'盱眙2号'也在加紧做不同产地养殖对比实验。与'盱眙1号'相比，'盱眙2号'将会在抗菌性、抗病性上有所提升，亩产将进一步提升。

拓展养殖"虾道"

曾经，小龙虾和水稻在一块水田里互相"掐架"，甚至小龙虾还成为水稻

管仲镇洪泽湖沿线万亩虾稻共生示范基地

的天敌。2015年后，它们却在水稻田里成为共生共荣的好朋友，促进它们关系如此融洽的是稻虾共生综合种养新模式。

1. 稻虾共生

盱眙人首创的稻虾共生是一种新型稻田综合种养模式，即在稻田中养殖两季小龙虾并种植一季水稻，在水稻种植期间，小龙虾与水稻在稻田里共生共长。2014年，盱眙县开始进行稻虾共生试点。2015年，在维桥乡永华村建起1000余亩的稻虾共生生态示范园，为全县大规模推广提供经验。当年分工主抓盱眙龙虾产业的县委副书记高为淼将盱眙稻虾共生特点精练地概括为富含哲理的十六字即"种草养虾、养虾有稻、稻法自然、生态循环"。

稻虾共生，水稻与小龙虾共栖，稻田中的微生物、害虫为小龙虾提供了天然饵料，而小龙虾不仅可以为稻田松土除虫，排泄物还是水稻生长的天然肥料。通过小龙虾的觅食和活动，大大减少了水稻病虫害，有效保证了稻米的原生态、健康、安全。

盱眙农民尝到了稻虾共生的甜头，全县开始大力发展，稻虾共生发展速度惊人。2016年，年初稻虾共生面积为3.5万亩，年底面积就达到13.5万亩；2017年，面积为33.9万亩；2018年，面积达50万亩以上；2021年，面积为

66.5万亩；2023年，面积达到77.5万亩。

稻虾共生模式使盱眙农业效益大增，也如磁石一般吸引了许多外地人投身到龙虾产业。2015年，盱眙籍北京大学毕业生段德峰回到家乡盱眙县黄花塘镇，承包了1500亩农田和15亩水面搞起稻虾共生。1亩地年产水稻500千克、小龙虾100千克，全年亩产值1.5万元，亩纯收入1.2万元。

对于小龙虾养殖，盱眙县并不搞"一刀切"，而是鼓励因地制宜发展多种养殖方式。现在的盱眙农村，除稻虾共生模式外，还有小龙虾+莲藕、小龙虾+芡实、池塘精养、虾蟹混养等模式。

2.繁养分离

"盱眙龙虾长得真快，1只虾45天就可以长到1两*重，真神奇！"这是采用龙虾繁养分离技术的结果。

繁养分离指在小龙虾养殖过程中，将虾苗繁育、成虾养殖两个环节、区域完全分开。

江苏盱眙龙虾产业发展股份有限公司虾苗繁育基地

以稻虾共生为例，繁育区占稻田面积的15%～20%，只进行虾苗繁育，为成虾养殖区提供虾苗；养殖区占稻田面积的80%～85%，负责生产出大规格小龙虾。

小龙虾养殖，过去一直采用一次放苗、多次养殖的传统模式，产量不稳定，小龙虾规格也难以掌握。从2019年起，盱眙县与科研院所专家合作，研发推广龙虾繁养分离技术，通过精准投苗、定量放养，让养殖过程更可控。成品虾不仅产量稳定，而且规格也越来越大。

采用龙虾繁养分离新技术，养虾效益至少可以增长30%，还能实现盱眙龙虾品质规格的全面跃升，现在盱眙县采用该技术的养殖面积已达30万亩。

3.一稻三虾

稻虾共生为盱眙龙虾人工养殖产业打下了良好基础，"一稻三虾"新科技

　　＊两为非法定计量单位，1两＝50克。

新模式的引进和大面积推广，又促进盱眙县稻田养虾效益飞跃提升。这一成果，江苏省农业科学院的一位专家发挥了关键作用。

2017年，江苏省农业科学院在盱眙县黄花塘镇成立了黄花塘革命老区博士服务工作站，专家团队里有一位专家是江苏里下河地区农业科学专家研究所的张家宏研究员，他是江苏仅有的专门研究小龙虾的两位专家中的

张家宏深入田间地头开展研究

一位。这位与小龙虾打了21年交道的小龙虾专家，深刻地认识到盱眙稻虾综合养殖的巨大潜力，决心在盱眙的田野上，去验证展示自己钻研多年的独创成果——"一稻三虾"种养模式。

"一稻三虾"种养模式可以这样表述。4月，卖出自繁的稻后虾苗，转塘投入虾苗，5月即可捕捞。这一批稻前虾个头大，最为肥美，只重可达一两以上；提前上市更让它们身价不菲，市场价每斤*高达40～50元。6月插秧前，再放入第二茬虾苗，7—8月稻中虾上市。秋冬季水稻收割前后，再放养亲虾至次年4月繁育一茬虾苗，这便是稻后虾，虾苗上市越早价格越高。这样一年里，稻田可收获一季稻谷，春季和夏季共收获两茬成虾，次年春季还可收获一茬虾苗，这就是堪称稻田养虾3.0版本的"一稻三虾"。

这种模式在传统稻虾共作的基础上，又增加一茬成虾和一季虾苗，实现一虾向三虾的跨越，大幅度提高了稻田养虾效益。一稻三虾比一稻一虾的收益每亩提高了3000元以上。现在盱眙许多乡镇已开始推广"一稻三虾"种养模式，盱眙稻虾共生进入提档升级新阶段。

打造产业标杆

盱眙县在总结稻虾共生综合种养新模式经验的基础上，以强化盱眙龙虾全程质量控制、提升全要素生产率、促进一二三产业融合发展为导向，覆盖养

---

*斤为非法定计量单位，1斤=500克。

殖、加工、生产、流通、餐饮、旅游等稻虾产业全链条，建立了由基础通用标准、一产养殖标准、二产加工标准、三产服务标准四个部分组成的盱眙龙虾全产业链标准体系，包括各类标准317项，为"十四五"期间盱眙龙虾产业二次创业发展建设提供标准化路径和指引。

2020年盱眙龙虾开捕仪式上市民现场分享龙虾大餐

　　盱眙龙虾全产业链标准体系是国内数量最多、质量最高、实用性最强的小龙虾产业建设指南，其中包括《淡水小龙虾购销规范》《盱眙龙虾无公害池塘高效生态养殖技术规范》2项行业标准，《地理标志产品 盱眙龙虾》《熟制盱眙龙虾加工技术规程》《盱眙龙虾稻田综合种养技术规程》3项江苏省地方标准，《盱眙龙虾综合种养技术规程》《盱眙龙虾香米（稻谷）》《盱眙龙虾（活体）》《盱眙龙虾套养螃蟹生产技术规程》4项淮安市地方标准，《盱眙稻虾共生繁养技术规程》《盱眙龙虾速冻产品加工技术规程》《盱眙龙虾烹制操作技术规范》等16项团体标准，初步建成盱眙龙虾产业链标准体系。盱眙龙虾标准化养殖技术入户率达100%，普及率达90%以上。

　　盱眙县2022年8月入列首批江苏省现代农业（盱眙龙虾）全产业链标准化基地、11月建成国家稻虾共生标准化示范区，2023年8月获批创建国家现代农业全产业链标准化示范基地，这些为国内龙虾产业发展提供了切实可行的"盱眙标准"。

CHAPTER

产业拓展

2023年2月，江苏省委书记信长星在省委农村工作会议上指出，要做足做活做精彩"土""特""产"三篇文章，加快开辟农业发展新领域，打造更多像盱眙龙虾等有特色、有认可度、有竞争力的"金名片"，建成产业、形成集群，把农产品增值收益留在农村、留给农民。经过30年的发展，盱眙龙虾产业已经由"打捞＋餐饮"发展成为集养殖、加工、餐饮、冷链物流、节庆、旅游等为一体的完整产业链，县域龙虾产业规模已年超300亿元，不仅成为当地的支柱产业，还带动了近20万人致富，让盱眙成为享誉大江南北的"中国龙虾之都"。

稻虾共生：现代农业华美蝶变

2015年以来，盱眙县充分利用盱眙龙虾的品牌优势，近120万亩水稻种植的土地资源优势，淮河、洪泽湖和江苏省唯一"百库之县"的水资源优势，

盱眙龙虾香米喜获丰收

大力推广"种草养虾、养虾有稻，稻法自然、生态循环"的稻虾综合种养模式，走出了一条产出高效、产品安全、资源节约、环境友好之路，在保障粮食安全、促进农业增效和农民增收、实施乡村振兴战略中发挥了重要作用。

1.稻虾综合种养

"十三五"是盱眙龙虾养殖业跨越式发展的一个时期，得益于扶持政策好、种养效益好、农民积极性高，稻虾种养规模增长迅速，从2016年初的3.5万亩发展到2020年的66.5万亩，占全县小龙虾养殖总面积的79.64%，成为盱眙小龙虾的主要养殖模式。2023年，全县小龙虾养殖面积97.5万亩，其中稻虾共生面积77.5万亩，稻虾种养模式下小龙虾产量约为11万吨、稻谷产量超33.25万吨。

2.虾稻米加工

盱眙县建立中国工程院张洪程院士工作站，成立国家粳稻工程技术研究中心江苏分中心，筛选'天隆优619'等优质稻米品种，开创出"盱眙龙虾香米"第二个县域地标品牌。2020年6月14日，国家知识产权局批准"盱眙龙虾香米"注册为地理标志证明商标，形成了"北有五常稻花香米，南有盱眙龙虾香米"的新格局。采用国际最先进的"柔性抛光"工艺，生产出来的盱眙龙虾香米不仅外观晶莹剔透，而且清香甜美、健康生态。2020年，全县盱眙龙虾香米加工企业29家，实现工业产值10亿元。"盱眙龙虾香米"接连斩获首届全国稻渔综合种养优质渔米评比推介活动金奖、江苏好大米十大品牌等殊荣，成为稻虾共生产业新的增长极。

盱眙龙虾香米精制中心

　　虾稻米加工领军企业——盱眙龙虾香米精制中心，位于淮河镇明祖陵村国家现代农业产业园内，由无锡中粮工程科技有限公司设计、盱眙现代农业产业园发展有限公司负责建设运营。采用一流的建设理念，将稻谷接收、稻谷烘干、稻谷低温储藏、大米加工、低温成品大米储藏有机结合，采用全套世界一流日本佐竹公司的稻谷加工设备组成稻谷生产线，生产线采用国内一流工艺流程并结合自动控制系统。可承接园区内2万亩盱眙龙虾香米加工订单，年加工2.5万吨安全、放心、美味的盱眙龙虾香米，有效推动盱眙龙虾香米品牌建设。

一虾多吃：加工产业精深发展

　　盱眙龙虾产业加工主要分为龙虾加工、调料加工两大类。

1. 龙虾加工

　　盱眙龙虾加工产品种类繁多，涵盖了从传统的干货到现代的半成品、成品等多个领域，主要产品包含整肢虾（不去头、不去壳）、虾尾（只去头、不去壳）、虾仁（去头、去壳）三大类。其中，最具代表性的是盱眙龙

龙虾加工

虾尾，经过精细加工处理后的龙虾尾产品，保留了龙虾的原汁原味，是制作各种龙虾菜肴的重要原料。盱眙龙虾规模以上加工企业主要分布在县工业园区、鲍集镇、淮河镇和穆店镇。2023年，盱眙县拥有祥源农业、於氏龙虾、泗州城等11家市级规模以上的龙虾深加工企业，年加工能力达到3.39万吨，龙虾加工量达到0.75万吨。

2016年8月，江苏红胖胖龙虾产业集团有限公司赢得整肢熟制速冻调味龙虾出口第一单，成为盱眙龙虾对外开放发展的里程碑，陆续出口澳大利亚、新西兰、马来西亚、柬埔寨、加拿大等国家。

江苏祥源农业科技发展有限公司作为盱眙龙虾加工领军企业，是淮安市级农业产业化重点龙头企业。公司成立于2017年9月，现有员工682人，年加工生产出口美国带黄龙虾仁800～1000吨、出口欧盟水洗龙虾仁200～300吨，以及加工各种规格的清水整肢小龙虾1500吨、龙虾尾2000余吨。

2.调料加工

随着盱眙龙虾产业的发展及消费升级，直接带动了龙虾调料的快速发展。盱眙地处大别山余脉，境内拥有各类中草药800余种。盱眙人就地取材，利用地产的八角、花椒、辛夷等30多种中草药，制作出了鲜嫩可

盱眙许记味食发展有限公司员工正在调配龙虾调料

口、回味无穷的十三香龙虾调料，重点开发了餐饮专用调料和家庭装调料两个市场，并呈现出口味创新、用途创新和做法创新的三大特征，市场前景广阔。2023年，全县有规模龙虾调料生产厂家32家，年产调料1万余吨，产值超过5亿元。

盱眙许记味食发展有限公司作为盱眙龙虾调料加工领军企业，是江苏省级农业产业化重点龙头企业，是盱眙龙虾调料创始企业，从开创十三香龙虾调料，到引领龙虾酱类调味先河，30多年来一直走在行业前列。以"许建忠"品牌系列调料为核心，产品共7个系列，数量达70余款，年产值超过5000万元。

下设3条标准化生产线，4座专业仓储库，以许建忠盱眙龙虾调料大卖场、味源·许建忠盱眙龙虾体验区、许建忠盱眙十三香龙虾培训学校、中国龙虾调料博览馆作为基础，大力推动盱眙龙虾调料行业发展。

城市厨房：快递美餐惠享国人

近年来，盱眙县通过"原料基地＋中央厨房＋物流配送""中央厨房＋餐饮门店"等模式，支持江苏省盱眙龙虾协会会员企业在全国地级及以上城市设立盱眙龙虾中央城市厨房，建立30分钟配送圈，不断扩大盱眙龙虾市场覆盖面。2023年，全国盱眙龙虾餐饮加盟店超过2000家，遍布20多个省份，形成多家大型餐饮服务业产业联盟。

1. 美团餐饮

美团作为中国领先的生活服务电子商务平台，是中国互联网经济、平台经济、共享经济的突出代表，引领着新消费时代发展。2022年3月，盱眙龙虾中央城市厨房与美团餐饮战略合作签约仪式在上海举行。美团餐

盱眙龙虾中央城市厨房与美团餐饮签约合作

饮系统将为盱眙龙虾提供全业态餐饮解决方案，实现数字化经营，提高经营效率，打造以数据为基础的精细化运行和管理体系，助力营销和经营决策数据化、智能化，并通过门店对经营业务实行标准管控，实现可复制的管理模式。

2023年，盱眙龙虾上海单一门店订单量超3万单，采购龙虾约10.6吨，采购金额约85万元，创造销售额超200万元。通过在上海建立盱眙龙虾中央城市厨房，特别是与美团外卖强强联手、深度融合，充分发挥出盱眙龙虾品牌胜势与美团外卖配送优势，引领龙虾消费新潮流，把握龙虾零售新机遇，进一步提升盱眙龙虾市场占有率，在互联网上掀起新一轮盱眙龙虾"红色风暴"，演绎出盱眙龙虾"二次创业"新传奇。

2.叮咚买菜

叮咚买菜创立于2017年5月，是国内成长迅速、规模领先的生鲜供应链企业。2022年3月，与盱眙县合作建设叮咚买菜盱眙小龙虾超级工厂，致力打造集小龙虾培育、研发、加工于一体的

叮咚买菜生产线上的小龙虾

预制菜供应链，让盱眙龙虾成为24小时内从虾田送到全国消费者手中的高品质预制菜。

叮咚买菜盱眙小龙虾超级工厂主要从事研发、生产小龙虾消费市场时尚前沿的青花椒、椰青、杨梅等口味的即食冷吃类小龙虾，产品主要销往长三角区域。2022年，全年加工销售小龙虾系列产品近5000万元，带动同规格（20～30克）盱眙龙虾价格每斤平均增长3元，带动本地就业300余人。同时，紧密结合盱眙农产品的资源优势，利用小龙虾生产淡季，研发生产各类冷冻预制菜产品，累计销售额2200万元。2023年，工厂累计加工各类小龙虾制品500吨、产值2800万元，其他预制菜700吨、产值3000万元。

3.盒马鲜生

2022年8月3日，《扬子晚报》刊发整版文章《全面进驻南京盒马，盱眙龙虾"二次创业"开启加速度》。在此前两个星期，盱眙龙虾已在南京所有盒马鲜生门店内上架。

盒马鲜生是阿里巴巴旗下品牌，是国内首家新零售商超，对于上架的生鲜货品有着堪称严苛的准入标准。仅仅为了盱眙龙虾这一单品，盒马鲜生不仅组建了专门的买手团队，还在内部招募资深吃货成立了品鉴团。这两支队伍挑选、鉴定小龙虾所秉承的标准共有6条，分别是清水喂养、科学饲养、个头饱满、腮白肚白、虾黄诱人、肉质Q弹。

2017年，盒马鲜生开始售卖盱眙龙虾。双方早期的合作模式很简单，就是盒马鲜生根据自己的标准到盱眙采购小龙虾，再到门店或线上客户端进行销售。合作对象以盱眙本地优质的虾农、养殖户为主。当年在盒马鲜生买小

龙虾或许会在商品介绍里看到一行小字"产地：江苏盱眙"。2022年夏天，在南京所有盒马鲜生门店上架的盱眙龙虾，明确且醒目地标上了"盱眙龙虾"的字样。

2022年夏，第二十二届盱眙龙虾节期间，江苏盱眙龙虾产业发展股份有限公司与盒马鲜生达成直供战略合作。2022年，盒马鲜生采购盱眙龙虾22.288吨，金额117万余元；2023年，采购30.720吨，金额143万余元。

电商直播：盱眙味道走向全球

盱眙县抓住"互联网＋盱眙龙虾"产业发展模式，全方位推动盱眙龙虾与淘宝、京东、苏宁易购三大电商平台合作。盱眙县建有龙虾创业学院，成立龙虾电商直播中心，招纳越来越多的全职主播加入直播龙虾的队伍中。2023年，全县共有一定规模的盱眙龙虾电商企业近30家，有盱眙龙虾各类网店近3000家，开发龙虾系列产品近100个，开设微信公众号200多个，从业人员5000余人；盱眙农产品电商全年销售额约5亿元，其中龙虾产业销售额超2亿元。

盱眙全球龙虾交易中心电商产业集聚区位于新扬高速盱眙出口500米的科技路西侧。项目配备电商（跨境）直播产业园、全自动现代化大型物流分拣中心（12万件/日）、智慧冷链仓储中心、宾馆餐饮等生活配套服务区。

电商直播：2020年盱眙互联网龙虾节

着力打造盱眙龙虾、盱眙地方特色工业与农业产品及其他全品类为供应链的电商产业集聚园区和孵化园区，形成了一条从供应链管理、主播培训、品牌推广、线上交易、冷链仓储、物流配送、金融扶持等全流程的大型电商物流产业园区。电商产业集聚区于2022年12月入选江苏省第二批县域电商产业集聚区名单，以龙虾为特色产业的盱眙全球龙虾交易中心成为全省13家县域电商产业集聚区之一，也是淮安市第一家成功入选的集聚区。

电商产业集聚区已形成规模约5.8万米²的电商直播产业园，园区内电子商

盱眙龙虾

务平台企业、电子商务品牌经销企业、电子商务服务企业、综合型电子商务企业共115家，其中综合类电商企业8家、龙虾调料及龙虾深加工类电商企业26家、龙虾及水产生鲜类电商企业81家。进驻园区的综合类电商代表企业有山东海棠集团、江苏满家乐电商、江苏康田文旅等，龙虾调料及龙虾深加工类电商代表企业有盱眙龙虾股份公司、於氏餐饮、红胖胖、许记味食、高海林调料等，龙虾及水产生鲜类电商代表企业有鲍贡蟹、余斌水产、启通物流等。电子商务企业进驻园区的入驻率为89.6%。

文旅融合：推动乡村全面振兴

盱眙县山水相依、风景宜人，是全国县域旅游综合实力百强县，有国家AAAA级旅游景区4家、江苏省级旅游度假区1家、省级乡村旅游重点村5家、省级工业旅游区1家、省级五星级乡村旅游区1家。盱眙龙虾产业近30年的快速发展，促进了"农业＋文化＋旅游"的深度融合，推动了盱眙县乡村振兴事业全面发展。

盱眙县自2000年龙年龙虾节开创节庆引领先河，到中国龙虾节红遍全国，再到中国·盱眙国际龙虾节享誉全球，连续20多年不懈坚持、接续打造。中国·盱眙国际龙虾节已经实现了国内六地联办、国际四国联动，在传承开幕仪式、

都梁夜色：盱眙龙虾点燃夜经济新引擎

开捕仪式、文艺演出、万人龙虾宴等经典节目的基础上，植入了更多时尚元素，开启了线上狂欢新模式。同时，盱眙县将龙虾、龙虾节与创意文化接轨，以影视、图片、工艺品、伴手礼、龙虾美食、淮扬菜品等多种形式全面展现盱眙龙虾的品牌形象及文化。在龙虾节的推动下，盱眙龙虾产业创新步伐加快，新的产品和新的营销模式使盱眙龙虾产业链条迅速拉长变壮，国内外市场不断扩大。

借虾发展，以节招商。盱眙龙虾与盱眙龙虾节的巨大品牌影响力吸引了国内外客商到盱眙投资兴业，仅最近10年来，盱眙县通过节庆招商，从国内外招引了500多个工业项目落户。盱眙经济开发区正借盱眙龙虾发力，向建设国家级经济开发区目标进发。

2024年6月深圳招商投资说明会项目签约仪式现场

多年来，盱眙龙虾产业引爆了盱眙旅游。通过盱眙龙虾特色IP，让盱眙境内有"东方庞贝"美誉的水下泗州古城、明代第一陵——明祖陵、第一山等人文景点名气大噪，盱眙人用龙虾串联起丰富的山、水、文化元素，推动了龙虾美食、历史文化、乡村旅游等深度融合。"品盱眙龙虾，赏盱眙山水"成为长三角地区长盛不衰的旅游口号。近年来，盱眙龙虾主题游线路不断增多，内容也不断丰富，到盱眙旅游的国内外游客快速增长。2023年，全县接待游客786.69万人次，旅游总收入84.36亿元。2024年"五一"假期期间，盱眙县景区、乡村旅游区（村）接待游客近40万人次，其中4家AAAA级景区接待游客22.86万人次，比2023年同期上升224.56%。

第二十三届
中国·盱眙国际龙虾节

品牌建设

　　盱眙县地处江淮之间，小龙虾生长条件得天独厚。20世纪90年代初，盱眙人发明十三香龙虾调料，烹饪出名噪大江南北的十三香盱眙龙虾，中国龙虾产业从这里起步。在盱眙县委、县政府的引导下，盱眙龙虾产业越做越大，做成在全国都具有强大影响力的品牌。30多年来，盱眙县以产业壮品牌、以品牌促产业，盱眙龙虾品牌之路越走越宽广。

品牌发展历程

　　盱眙龙虾强在产业，赢在品牌。近20年来，盱眙县委、县政府充分整合政府、国企、民企、社会组织资源，发挥各方作用，抓机遇，抢先机，拓产业，办节庆，制标准，创品牌。"盱眙龙虾"先后获百余项国家级、省级荣誉，在中国龙虾产业界独树一帜，引领着中国龙虾产业昂扬前行。

品牌注册先声夺人。千余年的运河文化，带给盱眙人强烈的市场意识和品牌自觉。2003年9月，成立不到一个月的江苏省盱眙龙虾协会就开始谋划申请"盱眙龙虾"原产地证明商标。2004年12月，"盱眙龙虾（活体）"成功注册为中国第一例动物类原产地证明商标，奠定了盱眙龙虾在中国水产家族的领先地位。2009年6月，国家质检总局批准对"盱眙龙虾"实施地理标志产品保护。2014年12月，"盱眙龙虾（非活）"获准注册为地理标志证明商标。2021年6月，"盱眙龙虾"获得农业农村部农产品地理标志登记证书。

多年以来，中国地理标志管理形成了工商、质检、农业三部门共管的格局，能获得三家注册（认证、登记）的地理标志产品不多，放到水产品行业更是凤毛麟角。盱眙龙虾坐拥三家地标注册保护，足见其在中国水产行业的影响和地位。2020年9月，"盱眙龙虾"入选《中欧地理标志协定》第二批175个中国地理标志产品保护清单。2021年8月，"盱眙龙虾"入选2021年国家地理标志产品保护示范区筹建名单。2022年10月，"盱眙龙虾"入选农业农村部2022年农业品牌精品培育名单。

基地建设一马当先。产品是品牌的载体，基地建设是品牌发展的物质基础。2007年9月，明祖陵镇万亩龙虾养殖基地被江苏省质量技术监督局批准为江苏省克氏原螯虾养殖标准示范区。2017年12月，江苏省盱眙县盱眙小龙

黄花塘镇稻渔综合种养示范基地

63

虾入选农业部等九部委认定的中国特色农产品优势区名单（第一批）。2018年1月，盱眙县入选国家级稻渔综合种养示范区名单（第一批）。2022年4月，江苏省小龙虾产业集群项目入选农业农村部、财政部发布的2022年优势特色产业集群建设名单。2023年4月，盱眙县成为第十批国家农业标准化示范区（稻虾共生）；8月，盱眙县获批创建第一批国家现代农业全产业链标准化示范基地（小龙虾）。

盱眙龙虾的规模化发展，为盱眙县打造了新的产业名片。2008年6月，中国烹饪协会授予盱眙县"中国龙虾之都"称号；2017年6月，中国渔业协会授予盱眙县"中国生态龙虾第一县"称号。

荣誉称号纷至沓来。2006年10月，"盱眙龙虾"牌龙虾被农业部评为中国名牌农产品。2008年6月，"盱眙龙虾"荣获中国烹饪协会颁发的"中国名菜"称号。2009年4月，"盱眙龙虾"被国家工商总局商标局认定为中国驰名商标。2019年11月，"盱眙龙虾"入选中国农业品牌目录300个具有代表性的特色农产品区域公用品牌；12月，荣获中国质量万里行促进会发布的"中国十珍"称号。2023年12月，"盱眙龙虾"入选中国区域农业产业品牌影响力指数TOP100。

20多年来，"盱眙龙虾"先后获江苏省质量信用产品、江苏省著名商标、江苏名牌产品、我最喜爱的江苏商标、江苏农产品和地理标志商标20强、江苏省十强农产品区域公用品牌等荣誉，入选江苏农业品牌目录、江苏省百道乡土地标菜名单、江苏地标美食记忆名录、"苏韵乡情·百优乡产"推介名单，"盱眙龙虾烹制技艺"入选第五批江苏省级非物质文化遗产代表性项目名录。

品牌价值独占鳌头。从国内开展地理标志品牌价值评估开始，盱眙龙虾就在行业内崭露头角。浙江大学CARD中国农业品牌研究中心2009年12月评定"盱眙龙虾"品牌价值为41.30亿元，跻身中国农产品区域公用品牌价值百强榜；2011年1月评定其品牌价值为65亿元，居国内地理标志品牌水产品第一。中国品牌建设促进会2015年12月评定"盱眙龙虾"品牌价值为166.8亿元，2016年12月为169.91亿元，2018年5月为179.87亿元，2019年5月为180.71亿元，2020年5月为203.92亿元，2021年5月为215.51亿元，均居国内地理标志品牌水产品第一。中国农业大学国家农业市场研究中心2022年7月发布"盱眙龙虾"品牌价值为306.5亿元，2023年6月发布品牌价值为353.12

亿元。

　　2024年6月12日在第二十四届盱眙龙虾节开幕式上，中国品牌建设促进会理事长刘平均发布"盱眙龙虾"2024年品牌强度为910，连续9年位列全国地理标志品牌水产类第一。

第二十四届盱眙龙虾节开幕式

刘平均理事长参加第二十四届盱眙龙虾节开幕式

节庆赋能，助力品牌打造

　　2000年，盱眙县试办的龙年龙虾节一举成功。2001年起，连续举办了24届中国·盱眙国际龙虾节，促进了龙虾产业的发展壮大，使盱眙龙虾品牌传播更广。

　　产业跟节庆走，品牌随节庆传。自盱眙龙虾节举办以来，2万多名盱眙龙虾厨师跟着节庆闯天下，盱眙龙虾美食店开到全国各地。仅长三角、珠三角地区，经营盱眙龙虾的餐馆就有3万多家。第五届盱眙龙虾节起，熟制速冻盱眙龙虾就进入苏果、大润发、易初莲花等知名超市，后又销往澳大利亚、加拿大

第二十四届盱眙龙虾节文艺晚会现场

2023 年盱眙龙虾开捕仪式上的直播者

等7个国家和地区。连续举办了24届的盱眙龙虾节"万人龙虾宴"和"登高望远"大型文艺晚会，共聚集了来自天南地北的游客180余万人次，通过食客口口相传与媒体报道，盱眙龙虾品牌美誉度快速上升。

锤炼龙虾品牌，丰富文化内涵。盱眙龙虾开捕仪式、盱眙龙虾烹饪大赛等主题活动，催生了盱眙龙虾民俗文化和美食文化，激发了盱眙龙虾全产业链的文化意识和品牌自觉。从养殖到加工，从调料到餐饮，"盱眙龙虾"母品牌催生了一大批子品牌，红富贵、许建忠、高海林、於氏虾神、红胖胖、泗州城等几十个盱眙龙虾子品牌已传响江苏省内外，形成了包装文化、广告文化、餐饮礼仪文化、营销文化等盱眙龙虾文化特色。从2004年起，盱眙龙虾节开始举办主题论坛，已先后举办各类会议活动60多场次，数百名专家学者对盱眙龙虾产业和县域发展发表真知灼见。从2020年起举办的中国小龙虾产业高质量发展大会，汇聚国内小龙虾产业顶级专家智慧，被誉为中国小龙虾产业界的"达沃斯"。

提升品牌意识，熔铸品牌自觉。从第五届盱眙龙虾节起，先后举办了盱眙龙虾品牌保护万人签名、盱眙龙虾品牌知识教育、盱眙龙虾品牌打假队伍出征、盱眙龙虾品牌运用成果展示等活动。2010年夏天，南京发生"龙虾门"事件，虽然与盱眙龙虾无关，但盱眙人挺身而出，利用举办盱眙龙虾节的契机，开展"百城万店盱眙龙虾放心吃"活动，在北京人民大会堂发布《盱眙龙虾品质报告》，维护盱眙龙虾品牌声誉，增强国人对龙虾消费的信心，挽救了中国龙虾产业。

协会发力，多措维护品牌

为整合政府和民间力量发展龙虾产业，2003年盱眙县牵头成立国内第一家龙虾产业社团组织——江苏省盱眙龙虾协会。协会受盱眙县政府授权，负责"盱眙龙虾"地理标志商标的使用和监管，同时发挥协会独特功能，维护盱眙龙虾品牌声誉，促进盱眙龙虾产业发展。

严格审批授权。对"盱眙龙虾"地理标志商标使用实行授权制度，制作统一式样、统一编号并有防伪二维码的证书和牌匾，对申请盱眙龙虾商标使用者进行严格的资格审核，并在江苏省盱眙龙虾协会官网上进行公示公布。商标使用者与协会签订承诺书，协会不定期进行商标使用检查，对规范使用盱眙龙虾商标、维护盱眙龙虾品牌的先进企业进行表彰。设立专门的举报电话，方便社会各界查证与监督，预防和查禁违规违法冒用"盱眙龙虾"商标的行为。

多方合力打假。一直以来，江苏省盱眙龙虾协会与盱眙县检察院联手打击对盱眙龙虾品牌的假冒侵权行为。2022年初，盱眙县检察院专门出台《充分发挥检察职能，主动服务和保障盱眙龙虾产业高质量发展的实施意见》。

江苏省盱眙龙虾协会组织外出考察学习活动

江苏省盱眙龙虾协会还加强同公安、法院、司法、市场监管等部门的联系，构建跨部门联动协作机制，进行跨区域维权保护。在南京、上海等地建立维权点9个，推动建立辖区律师事务所挂包维权点开展法律帮扶机制，支持向侵犯盱眙龙虾品牌的13家企业提起民事诉讼，判决和调解赔偿共计40余万元。

筑牢品牌保护网络。在每年的世界知识产权日，江苏省盱眙龙虾协会与市县知识产权部门联手，通过展示宣传牌匾、现场发放宣传资料、开展有奖问答等形式，宣传盱眙龙虾品牌保护知识。在盱眙龙虾节重大活动现场宣传中，也都注入盱眙龙虾品牌保护内容。协会充分发挥会员企业分布地域广的优势，在会员企业宣传品和企业文化布置中，也加入盱眙龙虾品牌保护内容。同时，动员组织各地盱眙龙虾会员店，监督举报盱眙龙虾品牌侵权行为，会同当地市场管理部门打假；委托县外律师事务所，对当地侵害盱眙龙虾品牌行为进行法律维权。

多维传播，展示品牌力量

20多年来，盱眙县将广告媒体、报纸、刊物、广播电视和自媒体多平台并重，全方位、立体化宣传推介盱眙龙虾品牌，进一步提升盱眙龙虾的美誉度和影响力。

主流媒体，产业推手。从2000年到2002年，经过3届龙虾节的推动，盱眙龙虾产业对于脱贫致富的效果与作用日益凸显。2002年6月12日，《人民日报》刊发深度报道《虾有虾路——从江苏盱眙看经济欠发达地区的发展思路》，肯定了盱眙县发展特色产业对于贫困县脱贫致富奔小康的标本意义。2007年4月27日，《农民日报》刊发《走出怪圈——从盱眙"中国龙虾节"看节庆经济》长篇通讯，报道盱眙县发展龙虾产业，用7年时间实现从"造势"到"造财、

2023年盱眙龙虾节万人龙虾宴

龙虾夜市：尬街大舞台，敢 K 你就来

造人"，推动县域经济超常发展的做法与经验。2014 年 3 月 15 日，央视《乡村大世界》栏目以《盱眙真山水，龙虾好滋味》为题，用 80 分钟时长，以文化娱乐与田园实景相融合的形式宣传推介盱眙龙虾品牌。2018 年第 17 期《农产品市场周刊》以《盱眙龙虾：一个国民级品牌的养成》为题发表长文，全面介绍了盱眙县十余年不懈努力、打造盱眙龙虾品牌的华彩历程。

在新冠疫情期间，盱眙龙虾产业坚毅前行。2020 年 5 月 11 日，央视《正点财经》栏目以《复工复产进行时——江苏淮安："小龙虾"点亮"夜经济"》为题，报道了盱眙龙虾品牌在抗击疫情和促进消费中的精彩表现。

二次创业，全媒联动。进入"十四五"，盱眙龙虾产业开启"二次创业"新征程。国内各大媒体围绕盱眙龙虾养殖模式创新、龙虾产业三产融合发展，以及龙虾新产品、新市场、新零售等，展开了一系列宣传报道。2021 年 6 月 13 日新华网刊发《江苏盱眙：聚焦高质量发展，聚力"二次创业"》，2022 年 1 月 15 日《经济日报》刊发《互联网思维给了盱眙小龙虾新出路——小龙虾火过冬》，2022 年 5 月 30 日人民网刊发《"龙虾之都"盱眙二次创业，起步如何？》，2023 年 6 月 13 日《新华日报》刊发《盱眙县 23 年接续打造龙虾节，品牌价值达 353.12 亿元》，2023 年 10 月 21 日央视《朝闻天下》栏目播发《丰收里的"大食物观"——江苏盱眙：从"大养虾"到"养大虾"》……这些报道在不同时期、从多个侧面介绍盱眙龙虾产业"二次创业"成就，推动龙虾产业高质量发展。

20多年来，随着盱眙龙虾产业不断发展壮大，盱眙龙虾名气越来越响，盱眙龙虾、盱眙龙虾节成为国内外媒体宣传报道的热门题材。在近10届盱眙龙虾节期间，参与报道的国内外媒体有近千家，每年关于盱眙龙虾的报道有几千篇（条），盱眙龙虾、盱眙龙虾节的新闻报道多次冲上网络热搜榜。

2020年6月"盱眙龙虾号"高铁列车首发仪式

多元视角，融合传播。盱眙县充分利用高速公路边的高炮广告牌、高铁列车冠名、戏剧和歌曲等形式宣传盱眙龙虾品牌。如今，冠名"盱眙龙虾号"的列车每天奔驰在京沪高铁线上，全国首座龙虾博物馆每年接待大量游客，盱眙龙虾主题酒店将龙虾品牌元素深度融合并展现给来盱眙的游客。在沪宁、宁连和宁徐高速公路两旁的高炮广告牌上，常年矗立着盱眙龙虾品牌广告宣传。由著名歌星董文华演唱的《龙虾女》、火风演唱的《火红龙虾节》等几十首盱眙龙虾节原创歌曲唱响大江南北。盱眙县还编辑出版了《红色风暴——走进盱眙·中国龙虾节》《虾潮奔涌》《盱眙龙虾品牌之路》《龙虾风云》等十余本图书画报，向海内外推介盱眙龙虾品牌；充分利用中国盱眙龙虾网、盱眙龙虾微信公众号及江苏省盱眙龙虾协会各成员企业公众号，进行常年常态化的盱眙龙虾品牌宣传。

盱眙县积极参加全国性行业博览会、展销会及论坛会议，通过展示、主题推介宣传盱眙龙虾品牌。盱眙龙虾品牌文化已走进北京大学、清华大学、南京大学等几十所高校，盱眙龙虾品牌案例已写入一些高校的旅游专业教材和MBA班课程讲义。盱眙还充分利用名人题词、名人演讲、名人撰文，扩展盱眙龙虾品牌传播领域，深化品牌文化内涵。十几年来，先后有四位国家领导为盱眙龙虾产业题字；"中国杂交水稻之父"袁隆平院士亲笔题写"盱眙龙虾香米，优质生态大米"，祝福盱眙稻虾产业高质量快速发展；国内40多位知名经济、文化学者和两院院士，围绕盱眙龙虾经济发表真知灼见，使盱眙龙虾品牌文化更加系统和出彩。

重点基地

近年来，盱眙县深入谋划，高位推进，紧扣种苗、基地、标准、加工、品牌五大重点，聚力打造盱眙龙虾"土特产"，推动盱眙龙虾"二次创业"。2023年，全县龙虾产业总产值达306亿元。其中，以龙虾养殖为主的第一产业产值约81亿元，以龙虾及其副产品、调料加工为主的第二产业产值约55亿元，以龙虾餐饮服务、节庆文化、市场流通、休闲体验等为主的第三产业产值约170亿元。盱眙县先后获批中国特色农产品优势区、全国稻虾共生标准化示范区、国家现代农业产业园、国家级现代农业全产业链标准化示范基地等。

盱眙龙虾博物馆：全国首座龙虾主题博物馆

盱眙龙虾博物馆坐落于盱眙县城山水大道1号，是由盱眙县政府投资建设的现代化产业展馆，于2021年6月12日建成并对外开放。

盱眙龙虾博物馆

盱眙龙虾博物馆面积约2800米²，以"盱眙龙虾甲天下"为主题，全景式介绍了20多年来盱眙龙虾产业发展史和23届中国·盱眙国际龙虾节演进史。博物馆展陈分8个板块，分别是"序厅""善道盱眙，龙兴之地出龙虾""天生丽质，小龙虾家族白富美""舌尖江山，小龙虾美食发源地""红色风暴，龙虾节唱响国际歌""产业兴旺，一只虾致富一方人""品牌发展，引领中国龙虾产业""擘画未来，新时代再创新优势"。全馆展出千余幅不同时期图片和千余件藏品，集史实性、知识性、科普性于一体，综合采用多媒体、裸眼3D环幕展示、地幕互动投影技术，富有感染力和视觉冲击力。在博物馆内，游客可以了解到盱眙龙虾的起源、发展、养殖、捕捞、贩运、加工等全过程。此外，还有关于盱眙龙虾的历史、制作、美食等展陈，其中龙虾全席宴展示了各种盱眙特色龙虾美食，从传统的十三香龙虾到各种创新口味，让人目不暇接。博物馆还收藏了大量的龙虾标本，通过模拟场景、多媒体展示等方式，生动地再现了龙虾的生活习性和特点，使观众们更加深入地了解这一物种的奥秘。

盱眙龙虾博物馆是盱眙县重点文化建筑，还是山水之城盱眙的新地标，已发展成为盱眙龙虾文化展示和交流的新窗口。从开馆以来，截至2024年4月，盱眙龙虾博物馆共接待参观游客802批次、25493人次，其中接待项目调研团队、考察交流团队和招商考察团队706批次，接待散客6235人次。

盱眙全球龙虾交易中心：推动龙虾交易融合发展

盱眙全球龙虾交易中心是盱眙创建国家现代农业产业园的重点支撑项目，是淮安市第一家成功入选的江苏省县域电商产业集聚区。

盱眙全球龙虾交易中心位于盱眙县山水大道与新扬（新沂—扬州）高速交汇处东北侧，由盱眙国有联合资产经营集团有限公司投资建设，总投资10亿元，占地面积198.5亩，建筑面积约18万米²，2020年6月开工，2022年第一季度竣工，2022年9月开展招商运营工作。交易中心共有市场商铺463间，每间商铺建筑面积约160米²，截至2023年9月共签约商户118户、266间（其中水产品70户、142间，调料业态20户、71间）。鲍贡蟹、龙虾集团、於式龙虾、红胖胖龙虾、范保林龙虾、许记调料、高海林调理等大批知名企业入驻并正式营业。

盱眙全球龙虾交易中心

盱眙全球龙虾交易中心内建设有龙虾综合交易中心、电商直播集聚区、快捷酒店、大型智慧冷冻库、电商件自动分拣物流区五大功能板块，配套建设信息化管理中心、市场综合服务中心、电子商务中心、冷库及物流配送中心、水产品质量安全检测中心等服务设施，涵盖龙虾农产品展示、交易、检测、冷链物流等功能。盱眙全球龙虾交易中心全部建成后，将成为华东地区规模最大、辐射范围最广的淡水龙虾交易平台。

盱眙全球龙虾交易中心围绕农村综合性改革试点试验项目，依托电商直播中心建立了项目大数据中心，并建设大型立体智能冷库。智能冷库总库容约为20万米³，分为低温冷库、保鲜库及配套区，具体建设内容包含2.5万托盘货位的智慧冷库、0.6万托盘货位的冰温冷库、分拣中心（配套用房）等。智慧冷库采用无线射频识别技术，全智能化（自动搬运、自动监控、智能仓储管理、智能调度）运行，可有效节约运行成本、提高产能。

马坝镇：小龙虾撬动致富大产业

马坝镇位于盱眙县东部，背倚洪泽湖，怀抱大云山。全镇总面积298.37千米²，辖15个行政村、7个社区，总人口10.02万人。全镇拥有耕地面积25万亩，稻虾共生面积10.7万亩，池塘养殖龙虾面积0.2万亩。2023年，全镇龙虾年产值4.16亿元，从事稻虾种养的农民亩均年收入5960元。

马坝镇农户在插秧

强化典型带动，让龙虾产业"旺"起来。以家庭农场为主体的规模化种植模式助推马坝镇农业产业化发展。截至2023年底，全镇注册有公司和家庭农场397家，其中稻虾共生38家、养殖业21家（含水产养殖17家）。马坝镇典型代表企业江苏弘圆记农业发展有限公司组建于2016年11月，注册资金5000万元，位于马坝镇卧龙村下庄组，流转土地1400亩，有员工26人，主要经营以稻虾综合种养为主，年产值700万元。该公司与江苏省龙头企业江苏永泰食品有限公司合作，采用订单模式种植稻虾共生原粮，集中加工，统一包装，统一品牌，延长了龙虾的产业链条。

培育经营主体，让龙头企业"强"起来。2017年江苏盱眙龙虾产业发展股份有限公司正式入驻马坝镇永兴村，倾力打造稻虾共生示范区，当期投资5000万元，园区建设总规划1万亩，2023年已完成核心区5000亩建设计划。该项目坚持走生态、绿色、有机中高端路线，开展绿色、欧标等认证，依托扬州大学张洪程院士工作站、国家粳稻工程技术研究中心江苏分中心、中国水产科学研究院淡水渔业研究中心等科研单位，制定盱眙龙虾系列标准，建立试验示范基地，开展标准化生产，有效提升综合种养技术水平，提高稻虾共生产业附加值。通过招大引强等措施，仅江苏盱眙龙虾产业发展股份有限公司就使马坝镇新增稻虾共生从业农户2000余人，人均年收入增加3500余元。

近年来，马坝镇获批江苏省特色优势种苗中心，马坝绿生源虾稻共作家庭农场获批省级示范家庭农场，马坝齐农谷物种植合作社获批江苏省农作物病虫害专业化防治五星级服务组织。

官滩镇：稻虾共生，打造产业发展强引擎

官滩镇位于盱眙县城东北部，东临洪泽湖，北毗邻老子山，淮河主航道穿境而过。全镇总面积145千米²，辖8个行政村、1个社区，总人口3.8万人，

拥有耕地面积10.2万亩。

主导产业。官滩镇主导产业主要为稻虾共生，规模化养殖小龙虾起步于2016年，在2017—2020年达到养殖高峰。截至2023年底，全镇共发展稻虾共生3.66万亩，涉及9个村、社区，有新型养殖主体800多户，带动5000多人就业，规模养殖面积占耕地总面积的35.9%。全镇重点规划布局集中连片的龙虾养殖示范区建设，已陆续打造武小圩、金大圩2个万亩稻虾共生产业园，在沿湖沿淮区域形成王桥圩、圣山圩、甘泉、侍涧、渔沟、许嘴6个稻虾共生千亩示范片建设。

官滩镇武小圩稻虾共生产业园

配套设施建设。围绕龙虾产业在冷链、物流、仓储、销售等主要环节进行设施配套，从而满足产业发展需求。2022年，已建成占地面积1000米^{2}的洪湖龙虾交易集散点一处，新上500米^{3}的冷冻库和保鲜库，采购龙虾生鲜冷链车2辆，基本满足了龙虾交易的需求。通过争取政策支持，新建占地面积1530米^{2}的王桥村仓储冷链物流中心，包含容量150吨的冷库、年产量2400吨的水产品饲料加工车间、400米^{2}的龙虾调料加工车间、100米^{2}的制冰车间等。通过相关配套项目设施的建设，延长了产业链条，补齐了发展短板，形成了资源共享、优势互补，可辐射周边稻虾共生养殖户，促进产业健康良性发展，带动农民增产、增收、增效。

2023年，官滩镇小龙虾总产值8640万元，比上年增加120万元；农民亩均年收入2200元，除去苗种、饲料、鱼药及人工等成本，亩均利润1200元。

黄花塘镇：因地制宜，探索稻虾共生发展新路径

黄花塘镇位于盱眙县东南部，距县城33千米，总面积298.96千米^2，辖8个行政村、7个社区，总人口6.11万人。全镇拥有耕地面积24.6万亩，中小水库36座，发展稻虾共生面积近8万亩，培育从事稻虾共生产业的家庭农场、合

作社近100家。

生产技术创新，稻虾收益最大化。与中国工程院张洪程院士共同设立院士工作站，筛选培育适宜稻虾共生的水稻品种；与江苏省农业科学院合作成立稻虾共生博士服务工作站，设立亚夫科技服务黄花塘稻虾综合种养工作站，联合开展龙虾种苗繁育和综合种养技术研究，在稻虾共生种养田内创新使用"双早优"技术。同时，在时集、杏花"双早优"模式的基础上，探索"一稻三虾"模式，打造绿色可视5G智慧虾谷，增加了稻虾种养大户的经济效益。毕业于北京大学的黄花塘人段德峰通过网络众筹等方式，在五星村流转土地近2000亩用来发展稻虾共生，并利用物联网技术进行全程数据化管理。

发展模式创新，农业生产规模化。黄花塘镇高标准打造芦沟稻虾共生产业园，规划面积1万亩，核心启动区面积1000亩。先后统筹1000万元资金，用于核心区基础设施建设。其中高标准农田建设投入600万元，新建泵站3座，配套桥涵闸等渠系工程41座，新建水泥路3千米，高效节水灌溉措施7千米，输变电线路0.22千米。投入200万元对核心区内330多块散地和三面池塘进行整治，小田变大田，溢出土地面积100亩，土地利用率大为提高，农业生产规模化初见成效。

销售方式创新，产品销售网络化。互联网的快速发展使人们的沟通和交流更便利，直播带货成了商品销售的重要渠道。黄花塘镇抓住直播带货的风口，

黄花塘镇卢沟社区徐玲书记帮助农户直播

在芦沟稻虾共生产业园内设立直播基地，助力黄花塘镇农产品线上销售，仅一个月销售额就达120万元。此外，芦沟社区党总支书记徐玲还亲自参与直播，并教授村民网络直播知识，培育新农人，增加村民收入。

近年来，黄花塘镇先后获得江苏省文明乡镇、江苏省乡村振兴示范乡镇等荣誉，多个村居获得江苏省级生态文明建设示范村、宜居宜业和美乡村等荣誉。

桂五镇：稻虾共作，富农富民

桂五镇位于盱眙县中南部山区，北距县城17千米，总面积110.74千米²，辖5个行政村、2个社区，总人口3.67万人。全镇耕地面积6.7万亩，其中稻虾共生面积1.2万亩。2022年，全镇小龙虾产量2400吨，亩均纯收入4500元，小龙虾产业成为全镇实现精准脱贫致富工作中不可或缺的一部分。

桂五镇的小龙虾规模化养殖自2016年开始实施，通过群众自发流转置换土地，2020年达到养殖高峰，实现了小龙虾养殖面积的稳定增长。2019年高庙社区敖岗组虞发杨一次性流转土地420亩，

桂五镇养殖户在捕捞小龙虾

用于稻虾共作，是桂五镇稻虾共作带头人。在虞发杨的带动下，有6户种植大户也开始挖稻虾共作养殖地，建立防逃网，水面栽植水草，扩展稻虾共作。2019年，敖岗组稻虾共作发展到850亩，并办理了家庭农场。

桂五镇走规模化养殖道路，通过科学的养殖技术和规范的饲养管理，实现了小龙虾的高效养殖。稻虾共作种养模式有助于水田生态系统的平衡，减少了化肥和农药的使用，而且对环境友好。桂五镇的耀州家庭农场稻虾共生流转面积约300亩，水稻亩产450千克，年收入32.4万元；小龙虾亩产约110千克，年收入约132万元。稻虾轮作种养模式在给村民带来经济收益的同时，也盘活了全镇的土地资源。桂五镇主导产业的从业人数达到1万多人，农民年人均可支配收入约2.5万元，有力地推动了农民生活水平的提高。

桂五镇以"红色桂五，绿色家园"为目标定位，不断厚植红色文化底蕴，全力贯彻绿色发展理念，先后荣获2023年江苏省级耕地保护激励单位、江苏省文明镇、江苏省卫生镇等荣誉。

管仲镇：稻虾可持续，激活乡村振兴新引擎

管仲镇位于盱眙县西北部，距县城18千米，总面积154.32千米²，辖15个行政村、3个社区，总人口6.93万人。2023年，全镇稻虾共生种养面积达5.8万亩，占耕地面积的48.3%，年产值达2.9亿元，农民亩均增收1500元以上。

抢抓政策机遇，大力推进土地综合整治和规模流转。坚持以土地平整为先导，以水系路渠一体化建设为核心，采取集中投入、连片治理规模开发的模式，进行土地综合整治，使昔日旧宅基地变肥土，昔日无水栽秧田变良田，昔日尘土道路变水泥路，实现了补充耕地数量、质量、生态相统一。2023年，通过公共空间治理收回土地32230.12亩，村集体总收入增加400余万元；高标准农田建设1.6万亩，新建电力灌溉设施4套，水泥路及灌溉渠7400米。

培植龙头企业，示范引领新型经营主体蓬勃发展。通过制定特色产业奖励、产业帮扶等措施，向新型经营主体抛出橄榄枝。2020年以来对新增的稻虾共生经营主体采取规模不等的一次性奖励办法，同时通过积极争取与江苏里下河地区农业科学研究所合作，先后培植了盱眙诺亚方舟农业科技有限公司、淮安

盱美鲜食品有限公司等新型经营主体20多家，并在洪泽湖沿线打造了万亩稻虾共生示范基地，配套农业综合服务中心，加强技术服务、引导高效规模种养，逐步扩大农业产业规模和质量。

管仲镇洪泽湖水产品交易市场

延伸产业链条，增强产业后劲与活力。结合全镇产业规模和特点，引进了月亮湾米业、星源粮油、峰明米业等虾稻米加工企业7家，其中有3家被评为淮安市级农业龙头企业，年产虾稻米2.2万吨。管仲镇的洪泽湖水产品交易市场于2022年开始运营，每年有近4000吨的小龙虾运送到全国各地的餐桌上。通过合资、合股和产业配套等方式，增强了产业市场的针对性，延伸了产业链条，为稻虾共生产业带来可持续发展的后劲与活力。

2019年以来，管仲镇先后获得江苏省"味稻小镇"、国家级现代农业示范

园等荣誉，辖区内5.5万亩稻虾产区获批江苏省绿色优质农产品生产基地。

河桥镇：倾力打造龙虾全产业链

河桥镇位于盱眙县西部，北临淮河，东距县城23千米，总面积237.69千米²，辖9个行政村、2个社区，总人口4.2万人。近年来，河桥镇突出抓好以"虾+农作物"复合种养为主的龙虾产业链建设，构建布局合理化、生产规模化、经营产业化、特色品牌化的龙虾产业格局。

建机制，强化要素保障。出台《河桥镇培育壮大龙虾产业实施方案》，扎实推进龙虾产业链建设，实行一个产业链、一个牵头单位、一个工作专班、一套措施、一套考核办法的"四个一"工作机制，激活龙虾产业发展的内生活力和强大动力。截至2023年底，河桥镇从事龙虾产业的大户134户、企业16家，均为稻虾共生种养模式，总养殖面积约5360亩，投入资金约7600万元。以产业集群为引领，围绕大莲湖、龙庙湖等载体建成地标优品馆、龙虾产品大市场等一批专业市场和特色门店，助推龙虾产业提质增效。

促融合，延长产业链条。重点打造万亩、千亩连片基地，稻虾、藕虾共生绿色高效示范片，在金谷湾农业基地路北新流转土地500亩，用于新建稻虾基地，带动农户60户，年均增收5万元。围绕淮河龙泉段、幸福村猫

河桥镇金谷湾稻虾基地引来白天鹅栖息越冬

耳湖建成一批龙虾产业特色长廊和家庭农场实习实训基地。深入探索"稻虾+农旅+电商"的融合模式，打造集亲子垂钓、休闲康养为一体的"天河农庄"生态庄园，逐步形成"儿童急走追黄蝶，侧坐垂钓淮河滨"的农业休闲轻旅游发展结构。

优品牌，提升发展质效。统筹做好河桥镇区域公用品牌和企业品牌文章，先后投入280万元专项资金，推进"大莲湖""龙庙湖"等区域公用品牌建设，着力打响"龙泉龙虾香米"等深加工品牌。建立"食用合格证+外销追溯码"

体系，全面提升龙虾产品质量，建设一批具有地方特色、品质保证、规模效应的精品龙虾名牌。组织龙虾产业的企业参加知名度较高的产销对接会、龙虾产品交易会等展销活动，提高辖区龙虾产业的知名度和影响力。

鲍集镇：谱写龙虾产业发展新篇章

鲍集镇位于盱眙县西北部，距县城30千米，总面积207.16千米²，辖15个行政村、3个社区，总人口10.5万人。近年来，鲍集镇抢抓机遇，致力于打造一个多元化的龙虾产业链，推动当地经济可持续发展。2023年，全镇已有稻虾共生面积6.2万亩，其中千亩集中连片4个。

创新驱动，产业升级。通过引入先进的养殖技术和管理模式，不断提升龙虾产业的科技含量。2018年鲍集镇政府与张家港永联集团合作，在鲍集镇先后注册成立了江苏永畅现代农业发展有限公司、盱眙永润农机服务专业合作社，累计投资3196万元，共流转鲍集镇召五村土地面积3300亩，常年用工86人。2022年，江苏永畅现代农业发展有限公司生产小龙虾275吨、优质稻谷2250吨、螃蟹40吨，年产值达1700万元。

资源整合，效益最大化。优化小龙虾与农作物的复合种养模式，推广稻

鲍集镇小龙虾加工企业的工人在生产线上作业

虾共生的生态种养模式，提高土地利用效率，也为小龙虾的健康成长提供良好环境。鲍集镇建立了一系列标准化的养殖基地，有标准化养殖塘口114块；盱眙永润农机服务专业合作社建有农机仓库720米^2，拥有大型拖拉机5台、高速插秧机8台、半自动插秧机2台、喷杆式植保机械2台、联合收割机4台、无人机1台、现代化育秧流水线2条，为龙虾产业的规模化发展奠定了坚实的基础。

环境保护与可持续发展。鲍集镇在发展龙虾产业的同时，非常注重环境保护和生态平衡。鲍集镇政府聘请专家学者与企业合作，开展水质监测和生态修复项目，项目基地已全面实现无人机施肥、投放饲料，开展智能水质检测、自动化排灌等，可为周边近2万亩水稻种植提供服务。项目还包括建设现代化晾晒场、精细化包装等环节，以实现从低端种植向产业链高端的发展。

品牌战略，市场拓展。鲍集镇注重提升小龙虾产品的品质和知名度，通过创建地方特色品牌如"鲍集镇优质龙虾"，并在包装和营销上下功夫，提高了产品的市场竞争力。同时，积极组织各种展销会和交易会，扩大了小龙虾产品的市场影响力，为企业开拓更广阔的销售渠道。

淮河镇：水美物丰的现代化名镇

淮河镇位于盱眙县西北部，总面积185.98千米^2，辖12个行政村、2个社区，总人口7.33万人。全镇稻虾共生种养面积5.8万亩，从事稻虾生产的有2000余人，已成功承办7届中国·盱眙国际龙虾节盱眙龙虾开捕仪式，多次接待来自国内各地的调研观摩。

淮河镇建有盱眙国家现代农业产业园、明祖陵稻虾共生家庭农场集群示范区和环湖大道稻虾共生万亩示范园，园区设施配套齐全，创建有"情淮香稻虾米""旺龙池稻虾米"等品牌绿色生态大米。依托辖区内明祖陵工业园区的优越地理位置，积极引进各类农产品加工企业，推出了如龙虾香米、沿淮荷叶茶、沿河瓜蒌子等多种特色农副产品。一些优质企业如盱眙情淮米业有限公司、淮安乡诱香农业产品有限公司、明祖陵龙虾香米加工中心等，为周边村民提供了大量就业岗位。利用养殖大户、家庭农场等先进带动后进，龙虾产业逐步加强，全镇已有家庭农场68个、养殖户288户。

淮河镇养殖大户捕获小龙虾

通过主办张家港盱眙龙虾节等契机，邀请在外盱眙同乡、知名客商来淮河镇考察，成功招引永莱（南京）食品产业园、良宇纺织等大中型企业落户盱眙。淮河镇小龙虾规模加工企业江苏淮河小镇食品有限公司，年加工小龙虾熟制品2000吨，通过冷链运输至全国各地。该公司与洪泽湖畔的沿淮等村合作，生产的红莲子、荷叶茶等农产品也成了市场上的抢手货。全镇有小龙虾烹饪饭店50多家，吸引全国各地的游客前来品尝小龙虾、小鱼锅贴等特色美食，观赏明祖陵景区的如画风景，在沿河村桃花岛景区感悟自然风光的旖旎。

淮河镇按照"和美乡村"的要求，积极开展退圩还湖、旱厕改造、河道整治等一系列举措，使得全镇愈加水清天蓝，明祖陵村获得江苏省宜居宜业和美乡村荣誉。

天泉湖镇：小龙虾撬动富民增收大产业

天泉湖镇地处盱眙县西南部，总面积267千米²，以丘陵地形为主，其中山地面积10万亩、耕地面积9.5万亩、水田面积2.1万亩，水库11座。全镇下辖6个行政村、4个社区、1个林场、1个种畜场，户籍人口4.6万人，常住人口2.64万人。2023年，全镇稻虾种养面积4.2万亩，产量近1万吨。

聚焦强村富民战略目标，着力技术交流推广、人才服务帮办、产业价值提升，以高质量领航龙虾产业发展新篇章。龙虾产业链上家庭农场32家、餐饮类店铺20余家，从业人员超700人。建立技能学堂，开展高效益技术交流座谈会，从虾塘建设、水稻种植、疾病防治等方面，手把手向养殖户传授实用技术，惠及农户180余户。

积极探索特色农业稻虾经济，把天泉湖镇南片范墩桥村、化农村的水源充足及地势平坦等资源优势转化为发展优势，主推稻虾共生"314模式"（亩产龙虾300斤、虾稻米1200斤、亩效益4000元），由村党组织牵头，划分党员责任田，邀请党员示范户进塘口、入田头开展帮办服务25次，进行新品种推广、送技上门等教学培训8场，实现人均辐射周边养殖户10户，带动人均年增收超7000元。

天泉湖镇稻虾种养大户王立亭捕获小龙虾

除了传统的销售渠道，陡山村还开设"青春直播间"，由村干部、种养大户担任主播，并不定期邀请网红主播，根据种养户的实际需求，销售稻虾农产品。结合天泉湖镇农旅发展定位，用好福祥谷物种植家庭农场、井宝珠家庭农场等本土养殖资源，打响"福祥虾稻香米"绿色食品品牌；鼓励养殖示范户探索建设养虾、钓虾、抓虾等沉浸式体验主题农旅项目，全力打造农旅特色品牌。

近年来，天泉湖镇陡山村先后获得第七批江苏省传统村落、全省农民增收典型案例、全国乡村旅游精品线路等荣誉，天泉湖社区成为美丽家园省级示范点，铁山寺林场社区获得"江苏省乡村旅游重点村"称号。

穆店镇：盱眙稻虾共生的发祥地

穆店镇位于盱眙县城东郊，总面积154.4千米^2，拥有耕地面积8155.6公顷，林地及其他园地面积67.1公顷，河流、水库水面面积449.86公顷。2022年，全镇稻虾共生产业亩均收益2000元左右，成为穆店镇特色产业的重要组成部分。

注重农业特色产业发展。以产业结构调整为契机，利用本地资源，积极发展特色产业。2015年始，在永华村永华圩的低水位田，选取部分种养大户组建稻虾共生试验基地，基地面积500亩。2016年6月，永华村党总支书记杜守军联合几名种粮大户，试点稻虾共生综合种养，取得亩产小龙虾130千克、水稻600千克的好收益。经过两年的试点，稻虾共生项目获得村民的认可和推广。2023年，永华村已有稻虾共生面积6500亩，300余人从事稻虾综合种养，小龙虾产量130～150千克/亩，水稻亩均产量达630千克，养殖户土地年增收超

1500元/亩，村集体经营性收入年均超100万元，村民人均年收入达2.3万元。2023年，全镇已有稻虾种养面积1.66万亩、种养户110户，5000亩以上连片1个（永华村）、1000亩以上连片3个（维桥社区、大圣村、龙王山村）。

突出产业发展的连续性和整体效应。充分利用区位优势和产业规模，以高桥河、董桥河、龙泉湖下游等良好的水质条件为依托，发展绿色、生态龙虾和有机稻米，已建设绿色优质农产品基地10万亩。以永华村稻虾共生基地为核心，大力推广稻虾共生，使永华、大圣两村形成万亩连片种养新格局。组建产业联盟，打造统一产品包装、统一Logo设计、统一展销品牌。鼓励种养大户打造自有品牌，已注册商标19个，如"稻虾丰""高鑫""孔娟""凤儿""金田源"等，盱眙绿谷生态家庭农场有限公司"稻虾丰"牌龙虾米获得绿色食品证书。

穆店镇维桥社区村民将捕获的小龙虾装车外运

创新运营模式，切实实现产品变商品，品牌增效益。2022年，穆店镇获得江苏省绿色优质农产品基地认定。

古桑街道：稻虾共作，探索致富新道路

古桑街道位于盱眙县城南端，紧邻县域中心，总面积84.6千米²，拥有凹土科技园和港口产业园两大园区，辖5个行政村、1个社区，共4658户18558人。现有水田面积3.27万亩，其中稻虾共作面积8200亩。2023年，古桑街道龙虾产量1230吨，亩均纯收入5000元，小龙虾总收入4100万元，稻虾产业已经成为古桑街道人民致富的支柱产业。

坚持体系发展，夯实产业发展基石。持续完善街道、村居两级农技服务体系，定期开展送农技下乡活动，通过农村产权交易平台，进行土地流转，结合

高标准农田建设进行土地平整，小田并大田，同时落实农业保险、金融信贷等支农惠农政策，持续推动稻虾共作标准化、规模化建设，成立稻虾共作家庭农场45个，20亩以上种养大户85户，已形成"企业＋家庭农场＋基地＋农户"的发展模式。

探索技术创新，科学种养管理模式。多次邀请市、县专家提供技术指导、组织培训，帮助农户解决种养难题。通过多次培训，农户采用稻虾种养模式，每亩水稻少用尿素30千克，且无需使用农药，成本降至约166元/亩。小龙虾以杂草、浮游生物为食，对农药化肥较为敏感，这对促进水质改善也起到明显作用。待稻田收获后，所有的稻草秸秆还能实现全量还田利用，可有效避免焚烧污染环境。

着力塑造品牌，打响稻虾品牌效应。盱眙润欣稻虾共作家庭农场在磨涧村流转520亩土地，采取稻虾共作种养模式，每年不仅在龙虾养殖上获得可观的效益，虾稻米更是带来不菲的收益。农场的"阳光雨露"牌虾稻米获准使用绿色食品标志，每年生产虾稻米180吨，每斤售价10元，年收益达360万元。

2023年，古桑街道入选江苏省级绿色优质农产品（小麦）示范基地；白虎村被评为全国乡村治理示范村，是淮安市唯一获评的村；磨涧村获得江苏省宜居宜业和美乡村荣誉。

古桑街道白虎村稻虾共生种养基地

太和街道：舌尖上的小龙虾，助力乡村全面振兴

太和街道位于盱眙县境中部西北，总面积44.8千米²，与盱眙经济开发区现有区划一致，常住人口7.9万人。太和街道以龙虾产业为引领，全面延伸产业链条，全速推进品牌创新。在龙虾调料加工方面，已有龙虾调料生产厂家10余家，年产调料3000余吨，产值超过1亿元。

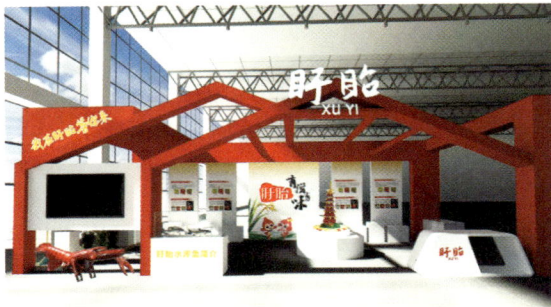

太和街道：龙虾调料展销场景

产业集聚，让企业做大做强。盱眙县经济开发区内，盱眙臻味秦氏食品科技有限公司、盱眙高海林龙虾调料有限公司、盱眙许记味食发展有限公司等龙虾调料企业集聚落地，主要致力于研制、生产、销售龙虾调料。现共有龙虾调料大小企业35家，年产量达5000余吨，年产值超过3亿元，同时带动6万余人就业。随着科技革命和产业变革的到来，通过网络直播、视频号、公众号等平台进行产品的宣传和销售，实现了"线上+线下"的销售模式，让生产与销售紧密联结，基地与市场有效对接，进一步发挥产业辐射效应，带动盱眙经济发展。

真材实料，打响虾界口碑。开发区内企业经过一系列研制、开发、创新，结合现代美食理论，采用几十种中草药及名贵香料合理搭配，再通过独特的烹制方式，最终生产出十三香龙虾调料、出锅料、金汤蒜粒调料、黄焖调料、卤水龙虾调料、椒盐调料等产品，涉及30多种口味，充分满足广大消费者的喜好。特色调料不仅具有香甜麻辣的特色，还有辣不过口、麻不伤舌、甜而不腻、香气扑鼻、鲜至肺腑、食之活鲜的特有感觉，助力盱眙龙虾走出县城，走向全国，并出口至海外。

口味、技能两不误，强化服务暖学员。除各式各样的龙虾调料产品外，龙虾调料企业还提供免费的龙虾烧制大厨培训，并长期招收全国各地的学员。采用一对一培训方式，手把手教学，对学员承诺包教包会，可以烧制30余种口味龙虾。开发区多家龙虾调料企业连续多年获得盱眙龙虾品牌企业殊荣，并多次获得盱眙龙虾烹饪大赛金奖，在全国具有较高知名度。

CHAPTER 10

知名企业

　　盱眙县以龙虾养殖为基点，大力发展以龙虾产品深加工为代表的第二产业及以龙虾餐饮、龙虾电商为代表的第三产业，向科研示范、良种选育、生态养殖、加工出口、冷链物流、餐饮旅游及品牌节庆等一体化服务拓展，形成了完整的产业链条，开辟了产业增值新赛道，推动了龙虾产业多元化发展。2023年，全县已有祥源农业、於氏龙虾、泗州城等11家市级规模以上的龙虾深加工企业，以许记味食为代表的32家规模龙虾调料生产厂家，以康达饲料为代表的多家龙虾饲料生产企业，为盱眙龙虾产业的全链条发展奠定了坚实的基础。

江苏盱眙龙虾产业发展股份有限公司

　　江苏盱眙龙虾产业发展股份有限公司是盱眙县人民政府为推动龙虾产业发展而成立的国有控股公司，2015年9月成立，注册资本3亿元。公司立足稻虾共生综合种养模式为基础的第一产业，开发以龙虾、龙虾香米精深加工为支撑的第二产业，拓展以龙虾餐饮、线上线下销售和服务为载体的第三产业，着力打造盱眙龙虾全产业链融合发展新模式。

一产基地初具规模。公司现有基地约8000亩，位于盱眙县国家现代农业产业园和优势特色产业集群内，主要涉及马坝旧街、黄花塘芦沟等5大基地，以创建国家级现代农业全产业链标准化示范基地为目标，致力打造全国一流小龙虾种苗繁育中心和稻虾共生标准化示范基地。

'盱眙1号'繁育基地

二产稳固提升。把做大做强第二产业作为盱眙龙虾产业"二次创业"的突破口，前伸后延拉长产业链条，实现富民强县双丰收。盱眙龙虾加工中心位于盱眙龙虾小镇，总投资7000万元，建有1.6万米^{2}生产厂房，布局2条现代化生产线。2022年，公司联手叮咚买菜共建盱眙龙虾超级工厂，当年产值突破7000万元。盱眙龙虾香米精制中心位于明祖陵基地，总投资5000万元，占地面积17亩，年产能达2.5万吨，并逐步形成"集团+基地+农户"的订单农业模式，有效推动盱眙龙虾香米品牌建设，更大程度助力乡村振兴。

三产快速发展。聚焦品牌建设，围绕线上线下齐头并进，与叮咚买菜、盒马鲜生、咸亨酒店等企业建立鲜活龙虾供应渠道，公司产品全面上架抖音店铺、天猫超市、京东商城、华泽微福等电商平台。盱眙龙虾南京店位于南京市鼓楼·荔枝广场，具备中央城市厨房新零售和农特产品展销等功能，是盱眙龙虾特色餐饮连锁品牌的首家直营店。秉持"政府主导、市场运作、企业主办"的办节模式，公司成功主办第二十三届盱眙龙虾节盱眙龙虾开捕仪式、开幕仪式、"登高望远"大型文艺晚会、龙虾宴等系列活动，把龙虾节庆打造成推介盱眙县各类产业的重要载体和平台。

公司马坝旧街基地是首批江苏省现代农业全产业链标准化基地，并获批创建国家级现代农业全产业链标准化示范基地；盱眙龙虾香米获得绿色有机认证、2022全国稻渔综合种养优质渔米评比推介活动金奖、江苏好大米十大品牌等荣誉。

盱眙於氏龙虾餐饮服务连锁有限公司

盱眙於氏龙虾餐饮服务连锁有限公司创始于1988年，历经三代传承，结合现代美食理论，采用30余种香辛料研制出"虾神"牌龙虾调料配方。中国烹饪大师於新凯以独特的技艺烹制出辣不过口、麻不伤舌、甜而不腻、清香扑鼻、食之活鲜的特色龙虾，在国内外享有盛名。

盱眙於氏龙虾餐饮服务连锁有限公司以匠心精神追求创新发展，已成为集餐饮酒店、养殖基地、食品工厂、加盟培训为一体的公司，拥有"於氏""虾神""第一人"等408枚商标。公司建有5000米²的餐饮酒店，装饰

盱眙於氏龙虾餐饮服务连锁有限公司

装潢以展示盱眙文化、盱眙龙虾品牌为主，设有780人餐位，有14个标准包间和多个豪华包间，还有氛围热烈、功能齐全、可容纳300多人的宴会大厅和环境典雅的散客雅座。

虾神龙虾厨师培训坚持以品质保证、专业培训为宗旨，培训内容包括理论培训、龙虾养殖、龙虾挑选保存、汤料熬制、龙虾烹饪、店面经营等，每年培训出大批龙虾烹饪大师，为分布在全国各地的加盟店和广大龙虾市场输送出技

术一流的龙虾厨师人才，创造了几百个就业岗位，带动了大批养殖户致富。

在历届中国·盱眙国际龙虾节中，於氏餐饮均获得"正宗盱眙十三香龙虾制作名店"称号，并蝉联龙虾节烹饪大赛金奖；"虾神龙虾"被中国饭店协会授予中国名菜、中国名宴荣誉。公司先后荣获江苏省民营经济关心下一代工作先进集体、中国淮扬菜品牌店、江苏餐饮业龙虾人才培养示范基地、盱眙龙虾调料金牌供应商、第十届中国·江苏国际餐饮博览会"非遗美食传承基地"、淮安老字号等90余项荣誉。

江苏红胖胖龙虾产业集团有限公司

江苏红胖胖龙虾产业集团有限公司起步于2003年，是一家小龙虾全产业链商品和服务提供商，现有小龙虾深加工、调料加工、生鲜贸易、餐饮连锁、职业教育培训五大板块，2023年公司产值1.02亿元、用工200人。

江苏红胖胖龙虾产业集团有限公司旗下的生产基地盱眙泗州城农业开发有限公司创立于2009年8月，占地面积20亩，建筑面积1.5万米²，拥有龙虾自动化流水线和传统生产线各一条，年加工龙虾能力3000吨、调料2000吨，是盱眙县首家获批的龙虾加工QS认证企业、江苏省专精特新企业、农业产业化省级龙头企业、盱眙龙虾首家出口企业，先后获得中国国际农产品交易会金奖、长江三角洲地区名优食品、中国·盱眙国际龙虾节推荐产品、盱眙龙虾烹饪大赛金奖等多项荣誉。

红胖胖龙虾工坊

江苏盱眙龙虾供应链股份有限公司创立于2009年9月，是江苏红胖胖龙虾产业集团有限公司旗下全资子公司，负责集团销售、采购、研发、物流仓储业务，专注于速冻小龙虾、大闸蟹、田螺等熟制菜肴，小龙虾、烤鱼等调料，以及鲜活小龙虾和大闸蟹的产品定制、研发、供应服务。公司先后与大润发、淘鲜达、天猫、淘宝、京东、盒马鲜生、顺丰大当家等电商及商超平台合作，销售网络遍布全国34个省份，2016年起陆续出口澳大利亚、马来西亚、新西兰、加拿大、柬埔寨5个国家。

盱眙红胖胖龙虾餐饮管理有限公司成立于2016年7月，建筑面积4000米²，可同时容纳1000人就餐。公司有直营店5家，全国加盟店40余家。盱眙龙虾职业培训学校有限公司成立于2020年3月，办公面积5000米²，培训内容覆盖小龙虾养殖、加工、餐饮、电商全产业链板块，至今共培训1.2万人次。

近年来，江苏红胖胖龙虾产业集团有限公司先后获得江苏省新型职业农民培育省级示范基地、省乡土人才传承示范基地、省产教融合企业、省高新技术企业、盱眙龙虾全产业链产销一体化省级专家服务基地、全国农产品包装标识典范等多项荣誉。

叮咚买菜盱眙小龙虾超级工厂

叮咚买菜创立于2017年5月，是我国成长迅速、规模领先的生鲜供应链企业，周活跃用户数位居中国生鲜电商榜首，是中国十大电商之一，在60个城市自建前置仓1400个，大仓40万米²，为周边3千米内居民提供"线上下单+最快29分钟送菜到家"服务。2022年，叮咚买菜销售额达242.21亿元。

叮咚买菜盱眙小龙虾超级工厂

叮咚买菜盱眙小龙虾超级工厂主要从事研发、生产龙虾消费市场时尚前沿的青花椒、椰青、杨梅等口味的即食冷吃类小龙虾，产品主要销往长三角区域。工厂位于盱眙县盱城街道登瀛路8号，占地面积42.5亩，一期总投资7000万元，总建筑面积2.1万米²，建设内容包括生产车间、研发楼、配电房、锅炉房等，2022年3月正式投产运营。2022年共加工销售龙虾系列产品近5000万元，带动同规格（20～30克）盱眙龙虾价格每斤平均增加3元，带动本地就业300余人。同时，综合利用了盱眙农产品的资源优势，利用小龙虾生产淡季，研发生产各类冷冻预制菜产品，累计销售额2200万元。

2023年3月6日，超级工厂正式进行小龙虾生产加工，为提升超级工厂产能，新增冷冻虾、清水虾、虾尾等龙虾制品生产线，同时围绕盱眙水库鱼、规模畜禽等产业，做好"接二连三"大文章，新增猪肚鸡、黑鱼片、南美对虾等预制菜生产线。2023年，全年累计加工各类龙虾制品500吨、产值2800万元，其他预制菜700吨、产值3000万元。

盱眙许记味食发展有限公司

盱眙许记味食发展有限公司

盱眙许记味食发展有限公司是一家集调料研发、生产、销售为一体的生产型企业。1993年，徐州市睢宁县许建忠闯生活来到盱眙山城市场，开办"许建忠香料行"，经营五香大料等香辛料，首创盱眙十三香龙虾调料，开创了龙虾专用调料的先河，被《扬子晚报》誉为"龙虾调料的开山鼻祖""龙虾调料创始人"。2006年入驻盱眙县经济开发区，创办盱眙许记味食发展有限公司。多年来，公司先后获得盱眙龙虾调料信得过供应商、淮安市农业产业化市级重点龙头企业、江苏省农业产业化省级重点龙头企业等多项荣誉，旗下"许建忠"商标被评为盱眙龙虾调料五大名牌、淮安市知名商标、江苏省著名商标等，"许建忠"品牌产品也入选"淮味千年"系列产品，获得江苏省名牌产品等荣誉。

盱眙许记味食发展有限公司是龙虾调料创始企业，以"许建忠"商标为核心品牌，以"许建忠"系列龙虾调料为核心产品，引领龙虾酱类调味先河，坚守和谐健康的价值理念，服务全国超过3万家餐饮及水产品加工企业。公司立足盱眙，以苏浙沪皖为核心区域，大力开拓业务渠道，服务范围辐射全国，同时大力发展电商平台，组建专业电商团队，开设品牌旗舰店、天猫专营店、京东自营店、淘宝企业店等多种类型线上端口，服务全国各界消费者。

公司现有员工50余人，下设3条标准化生产线、4座专业仓储库，以许建忠盱眙龙虾调料大卖场、味源·许建忠盱眙龙虾体验区、许建忠盱眙十三香龙虾培训学校、中国龙虾调料博览馆为配套，推出产品近百款，年产值3000余万元，每年输出龙虾大厨2000余名，大力推动盱眙龙虾调料行业发展，为盱眙龙虾产业发展添砖加瓦。

江苏祥源农业科技发展有限公司

江苏祥源农业科技发展有限公司成立于2017年9月，位于盱眙县盱城街道工业集中区，是江苏省盱眙龙虾协会副会长单位。公司加工生产区占地面积10682米²，基础设施完善，是以加工、贸易、进出口为一体的综合性企业，现拥有国内较先进的3条自动化流水线，小龙虾年产能1万吨左右，于2019年3月通过HACCP食品安全管理体系认证，拥有"虾想嫁""虾想家""鱼跃虾跳"等注册商标，已获得美国、欧盟注册资格。

江苏祥源农业科技发展有限公司生产车间

公司是盱眙县小龙虾生产的大型企业，主要加工生产小龙虾系列和农副产品，每年加工生产各种规格的清水整肢小龙虾100吨左右、龙虾尾2000余吨，出口美国带黄龙虾仁100～200吨、出口欧洲水洗龙虾仁100吨左右。因生产需要，每年旺季用工在400人左右，员工主要来自盱眙当地及周边地区。

　　江苏祥源农业科技发展有限公司开发研制的小龙虾及相关产品，在国内市场也打开了一片天地。其中带黄冻熟小龙虾仁、水洗冻熟小龙虾仁、包冰小龙虾尾、干冻小龙虾尾四种主打产品，线上线下销售到祖国的大江南北，取得了不错的经济效益。

　　2019年，公司被盱眙县评为十佳龙头企业，产品获得江苏省名优产品、江苏省消费者信得过产品等荣誉。2021年，公司被评为淮安市级农业产业化龙头企业。2022年，公司被中共盱眙县委评为盱眙龙虾产业创业之星。2024年，公司"虾想嫁"产品获得中国绿色食品发展中心颁发的绿色食品A级证书。

江苏满家乐食品有限公司

　　2018年，平健在盱眙经济开发区创办起江苏满家乐食品有限公司，涉足盱眙龙虾加工，同时优选盱眙县内外食材、生产高端菜品——佛跳墙。2020年，公司开发适合电商消费的盱眙龙虾预制菜，总结出一套工业化、标准化生产工艺与操作流程，参加省内外的农产品年货节、电商节，被评为江苏省工业电子商务发展示范企业。

江苏满家乐食品有限公司积极开发与拓展盱眙龙虾电商销售平台。2021年5月，携盱眙龙虾品牌参加京东主办的星火计划京东超市产业带签约仪式，盱眙龙虾生鲜旗舰店正式成为京东打标店铺。公司注重发挥快递物流优势，2013年就与顺丰速运合作，年度运费达200多万元。冷链快递费居高不下是盱眙县电商发展的瓶颈，公司开放物流优势，与业界同仁们共享。2022年盱眙龙虾快递费用从9折降到6.5折，有效地提升了冷冻龙虾、龙虾预制菜行业的效益和市场竞争力。江苏满家乐食品有限公司盱眙龙虾预制菜系列产品也得到成长，被世界中餐业联合会和江苏省餐饮行业协会联合评为中国预

江苏满家乐食品有限公司生产车间

制菜 TOP50 品牌。

　　新冠疫情对盱眙龙虾产业发展影响很大。为重振行业信心，江苏满家乐食品有限公司联合京东生鲜举办盱眙互联网龙虾节。2022年6月1日，与盱眙县农业农村局、商务局、融媒体中心，在盱眙龙虾基地进行京东生鲜与盱眙龙虾基地连线直播——"寻鲜节-盱眙龙虾溯源专场"，半天就实现交易额22.6万元，在京东平台全国海鲜水产类单日排第四名。公司还先后与京东、美团、饿了么、拼多多等多个平台进行办节合作，通过互联网云传播推介盱眙龙虾。新冠疫情过后，公司重点发力视频营销，先后与抖音东方甄选直播间、京东超级直播间、淘宝香菇来了、腾讯视频号范大厨来了等深度合作，大幅增加了盱眙龙虾和盱眙农产品网上销量，精准展播量超1亿次。2023年7月30日，公司荣获中国商业联合会颁发的2023年全国商业质量奖。

盱眙好滋味食品有限公司

　　盱眙好滋味食品有限公司成立于2012年6月，位于盱眙县鲍集镇创业园区，占地面积36亩，拥有100余名员工，是一家以水产品为主的，集加工、生产、仓储于一体的民营企业，年产值达5000多万元。公司现拥有清洗车间、加工车间、包装车间共8个，保鲜冷库2座，冷冻库8座，自然晾晒场占地面积20亩，人工烤房2座。公司成立批发、电商、供应链、零售4个销售模块，在南京、长沙两地成立地属仓储，添置了2台依维柯货车，便于周边地区的产品能及时配送，在江苏、浙江、上海、安徽、山东、江西、湖北等多地的批发市场建立了成熟稳定的销售渠道。公司主要从事白鱼干、青鱼干、醉鱼、凤尾鱼干、小龙虾、调味白鱼等产品的生产与销售，于2014年创立"鲍仙"品牌，现拥有18个单品的真空包装及3种带

盱眙好滋味食品有限公司龙虾产品

有地方特色的礼盒，以便更好地适应市场的步伐，顺应新型网络平台的趋势。

立足盱眙龙虾的品牌和资源优势，2020年公司负责人带领团队深入湖北、安徽、山东等地学习考察，引进了2条国内先进的龙虾清洗、筛选、高温消毒、液氮速冻生产线，日加工龙虾高达20余吨，为龙虾的深加工奠定了坚实的基础。公司创始人刘明致力于产品的纵横发展，采用"企业+合作社+大龄劳力"的产业联合经营体系，大力推行订单农业发展模式，改进先进设备，扩大基地规模。现已成为大润发、永辉等大型超市的战略合作伙伴，每年供货销售额约占公司的50%。

公司在持续发展的同时，不忘回馈社会，每年支出20多万元给予职工伙食补助，内部助学、特困户、大病救助累计达100余万元，同时安置了50多名大龄劳力就业。近年来，公司先后被评为淮安市农业产业化重点龙头企业、盱眙县十佳特色农产品企业，并成为江苏股权交易中心挂牌企业。

盱眙舌尖猎人食品有限公司

盱眙舌尖猎人食品有限公司冷冻虾产品

盱眙舌尖猎人食品有限公司成立于2018年9月，位于盱眙县穆店镇农产品和食品加工园区，主要从事龙虾深加工业务，年生产鲜虾1000吨。公司占地面积3000米²，建筑面积1500米²，拥有龙虾自动化流水线和传统生产线各一条。公司拥有专业的成品研发团队和先进的水产品加工设备，在生产端主要的生产设备有超声波龙虾清洗机器、油炸线、液氮等，以"八分一"品牌系列水产品为核心，产品涉及多种口味龙虾、杏鲍菇蛤蜊、田螺、鸡爪、大排等系列。在储藏端，下设标准化生产车间1座、冷库3座、化验室1座。公司拥有全新的自动化生产线，采用液氮冷冻保鲜技术，通过了ISO9001质量管理体系认证和HACCP食品安全管理体系认证。

公司主营品种有龙虾、虾尾和预制菜三大系列。龙虾有麻辣、十三香、蒜蓉口味。严选清水稻田活虾鲜制，肉质鲜嫩又饱满。逐一称重挑选，采用标准摆盘处理。龙虾的主要卖点：好吃无腥味，免跑腿，免洗，免烹饪调料，免挑选。简单加热3～5分钟即可开吃，亦可微波炉加热后食用。虾尾有麻辣、十三香、蒜泥口味。虾尾的主要优势：好产地，精养殖，细挑选，易烹制，Q弹嫩肉好口感，鲜香爽辣好美味。预制菜菜品有鱼香肉丝、宫保鸡丁、咖喱鸡块、红烧大排等，一直秉承着健康生态原材料、星厨调配香料、好调料好味道、低温锁鲜工艺，保留营养美味，吃得放心。

公司先后获得2019、2021、2022年度盱眙龙虾品牌企业，2019年度品牌调料供应商，全国AAA级诚信企业等荣誉，是江苏省盱眙龙虾协会副会长单位，是麦德龙、杭州丰颐、江西正邦集团、上海正味坊、广州盘中鲜等企业的龙虾供应商。

盱眙虾将军食品有限公司

盱眙虾将军食品有限公司成立于2018年5月，主要从事龙虾产品研发和龙虾预制产品生产，经营"虾芊仟"品牌龙虾和"真杰"品牌盱眙地域农特产品。公司位于盱眙县盱城镇龙虾加工集中区工业大道18号，建有生产

盱眙虾将军食品有限公司内景

车间、原料仓库、研发中心、配电房、速冻仓、冷冻仓、保鲜库等，于2023年2月正式投产运营。公司设有调味虾、清水虾、调味虾尾等龙虾制品生产线，2024年上半年加工龙虾制品约200吨，产值超1000万元，累计销售额超1100万元。

盱眙虾将军食品有限公司融合稻虾产业为发展的主导方向，以标准化、规模化、工厂化育苗为重点，以"小龙虾科技+5G智慧农业"为特色，实施小龙虾订单农业的全产业链拓展模式。目前自营生态稻虾养殖基地约1500亩，以

示范带动农户实践盱眙龙虾生态种养，实现亩均收益超万元。公司通过建立稻虾全产业链服务推广体系，以"公司＋合作社＋农户"为发展模式，联结乡村集体经济，带领农户提效增收共同富裕，积极推动稻虾生态种养产业高质量发展，以技术扶持和保价收购确保签约农户全面提升稻虾种养"一水多用、一田多收、稳粮增效、粮渔双赢"综合效益，不断加快完善龙虾产、供、销全产业链生态体系，已签约农户100多户，生态稻虾模式种养面积超5万亩。

盱眙虾将军食品有限公司通过电商差异化经营，独创"龙虾礼券一卡通"预售模式及完善的后台提货发货系统，龙虾礼券卡销售量逐年增加，2023年销售出约3000张，总销售额超2000万元。盱眙龙虾礼券预售模式，正逐渐转化为年轻人社交互动及转赠伴手礼的新潮流。预售模式不仅能够让广大消费者全年都能吃上正宗的盱眙龙虾，而且还能精准营销，消费者提前1天预约，公司按照已有订单进行生产加工，能有效解决库存难题、减缓资金压力。随着龙虾礼券订单的不断增加，龙虾订单旺季早已不仅仅局限在每年的5—8月，而是变成全年都是销售旺季。

盱眙虾将军食品有限公司2023年荣获中国3·15诚信企业、江苏质量诚信AAA级品牌企业荣誉。

江苏林帝食品有限公司

江苏林帝食品有限公司成立于2009年5月，注册资金500万元，坐落在江苏省级绿色食品产业园，位于盱眙县穆店镇工业集中区，于2015年6月在上海股权托管交易中心成功挂牌。公司占地面积2万米²，拥有1万米²的标准化生产车间、全自动龙虾生产线、水产品和肉制品生产线。

公司已获得酱卤制品、水产品SC质量安全生产许可证，豆制品和蔬菜干制品质量安全生产许可证，并通过ISO9001质量管理体系和HACCP食品安全管理体系等

江苏林帝食品有限公司参加江苏农业品牌精品展

认证。公司以"龙头企业＋专业化合作社＋农户＋生产销售"为一条龙的发展模式，建立了更为紧密的利益联结体，与盱眙县、周边市县的农户都有合作，产品以盱眙龙虾为主打，配套多功能保鲜库、熟冻库、冷冻库作保障。公司生产的盱眙龙虾、虾尾、水产品、熟制品、肉禽类等小食品及干制分装系列产品年产量达4600吨，冷冻库贮存能力2000多吨，冷藏库贮存能力560吨，一般仓库贮存能力2000多吨。

公司拥有"红红琳帝""林帝""礼遇盱龙""兆芳""虾缘铁哥"等多个商标，产品采取线上、线下多渠道销售，销往全国各地，如物美、大润发、四季华联等超市，各高速服务区、机场及土特产等门店。公司及产品于2011年荣获淮安市农业产业化重点龙头企业、淮安市名牌产品、江苏食品质量诚信企业，2012年荣获中国淮安旅游商品博览会银奖，2013年荣获中华全国供销合作总社农业产业化重点龙头企业、淮安市名牌产品，2014年荣获江苏省交通物流示范点、全省放心消费先进示范企业等荣誉。2013—2023年，公司及产品还获得淮安市消费诚信单位、江苏省放心消费创建活动先进单位、淮安名特优农产品（南京）十佳农产品奖、美味中国行江苏优质农产品奖等荣誉。

江苏和善园都梁冷冻食品有限公司

"和善园"品牌创立于2005年，历经18年的发展，已成为一家集食材生产加工、投资管理、连锁体系建设、产品终端消费于一体的综合型企业。江苏和善园都梁冷冻食品有限公司成立于2021年12月，项目总投资

江苏和善园都梁冷冻食品有限公司外景

10.5亿元，分为冷冻食品生产基地和配套高标准大棚蔬菜种植基地两大板块。冷冻食品生产基地位于盱眙县经济开发区宝山东路21号，占地面积98亩，建筑面积10.4万米²，新上自动纯水系统、自动配料系统、全自动化包子生产线、一体式醒蒸房、螺旋冷却系统、螺旋冷冻隧道、金属探测仪等设备。项目投产

后，年可实现开票销售约12亿元，入库税收约2000万元，用工300余人。

产业带动强。聚焦"链"上发力，充分发挥和善园"链主"企业带动效应，不断延伸产业链，带动盱眙养殖龙虾等产业快速发展。依托盱眙良好的土壤、气候、水资源等条件，项目预计带动"链"上产业300余人就业。项目带动龙虾产业大力发展，和善园主打"龙虾包"，一个包子中满满都是龙虾，"龙虾包"日产1万只，每天消耗3万只小龙虾。

智能水平高。生产基地完成了硬化、绿化、亮化、消防、雨污管网、蒸汽管道、电力设施等工程建设，配备的自动纯水系统、自动配料系统、全自动化预制菜生产线、一体式醒蒸房、螺旋冷却系统、螺旋冷冻隧道、金属探测仪等设备已全部安装调试完毕，并进入试生产阶段。规划建设有1.3万米²集产品研发、科普服务于一体的科研大厦，用新工艺、新流程、新设备赋予传统美食新定义。

行业产能大。"和善园"品牌每年服务全国约1.7亿人次，每年售出约6亿只包子。自2023年以来，公司与澳洲及美国展开出口贸易业务，2024年出口产品总货值将达到8000万元。项目正式投产后，可实现日产传统美食350吨。

连锁门店广。大力推进"千城万店"计划，和善园门店已覆盖江苏、安徽、浙江、湖北、山东、河南、江西、上海七省一市，全国门店超1500家，目前仍然以平均每月约40家的速度在增长。盱眙县已有和善园门店30余家，每家年平均营业额约为90万元。

盱眙顺康食品科技有限公司

盱眙顺康食品科技有限公司位于盱眙县经济开发区金桂大道37号，是一家集专业研发、生产、销售于一体的龙虾调料科技企业。现有员工40余人，下设3条标准化生产线、2座专业仓储库，年产值2600余万元，每年培养龙虾大厨1500余名。

公司董事长秦芝好是盱眙龙虾产业链上第一代创业者，研制龙虾调料的领军人物。30年前，他从徐州老家到盱眙从事龙虾调料行业，借助龙虾节这个舞台，从山城市场摆摊，到租用民房开店，到租用厂房生产，再到自己建设厂房……如今，年近花甲的秦芝好创业劲头不减。公司生产的秦氏龙虾调料采用30多种中草药及名贵香料合理搭配而成，烹制成的盱眙龙虾具有香、甜、麻、辣的特色，且有一种辣不过口、麻不伤舌、甜而不腻、香味扑鼻的

盱眙顺康食品科技有限公司龙虾大碗面产品

特有感觉。秦芝好获得历届龙虾节"盱眙十三香制作大师"荣誉称号，接连获得盱眙国际龙虾节金奖、盱眙龙虾制作百家名店、盱眙国际龙虾节最受消费者欢迎店、盱眙龙虾调料明星企业等多项荣誉。

公司累计培训全国各地龙虾烹饪学员2万名，并且为学员提供创业、策划等一系列服务，深受各地客户的赞赏和好评。公司是江苏诚信优质企业，生产的盱眙秦氏十三香、油焖大虾秘制酱料、龙虾拌饭酱、麻辣龙虾酱料、椒盐龙虾调料、金汤蒜泥酱料等热门龙虾调料，畅销北京、上海、山东、浙江、湖南、广东等省份。2022年研制出龙虾大碗面，解决了虾仁料包的技术难题，已研发出"十三香"和"蒜泥"两个口味。公司大力开拓业务渠道，组建专业电商团队，开设抖音直播间、淘宝企业店等多种类型线上端口，服务全国消费者。

淮安市康达饲料有限公司

淮安市康达饲料有限公司成立于2000年4月，是以饲料研发生产为龙头，集水产养殖、动物营养研究、河蟹与龙虾专卖于一体的现代化科技型农牧企业。公司被认定为全国守合同重信用企业、江苏省高新技术企业、江苏省质量奖企业、江苏省农业产业化省级重点龙头企业；主导产品"金康达"牌水产饲料为中国名牌产品；野马追中药材饲料添加剂、高效生态生物河蟹配合饲料、绿色高效生态生物龙虾饲料为江苏省高新技术产品；"金康达"牌小龙虾为江苏省名牌产品；注册商标"金康达""百思特"为江苏省著名商标，其中"金康达"于2009年4月被国家工商总局商标局认定为中国驰名商标。

持续创新是企业快速发展的核心。公司创新开发的拥有自主知识产权的绿

淮安市康达饲料有限公司外景

色高效河蟹饲料、野马追中药材饲料添加剂、添加凹凸棒土绿色高效贝类饲料、绿色高效龙虾饲料被科学技术部列为国家星火计划推广项目，高效多功能生态水产饲料关键技术集成研究与产业化开发、高效生态生物河蟹饲料开发项目被科学技术部列为国家火炬计划推广项目。公司已获得授权专利49件，其中发明专利9件、实用新型专利7件、外观设计专利33件。

为更好地带动广大农户共同致富，公司采用"公司＋基地＋农户"模式，用金康达的品牌和技术开展产业化联动。首先是重抓原料基地建设，通过与农户或专业合作组织合作，对基地进行统一管理，着力打造企业"第一车间"，已建成国家级绿色种植基地1.5万亩。其次是重抓养殖基地建设，已建成国家级绿色养殖基地1.2万亩，还与养殖户达成养殖协议，定期组织专家授课，指导农户进行科学养殖。符合公司标准的河蟹、龙虾使用"金康达"商标包装上市，使一大批有品无牌的河蟹、龙虾变成优质品牌产品走向市场，取得了巨大的经济效益。截至2023年底，已有1万多农户加入"公司＋基地＋农户"产业链，有效地整合了政府、企业、金融机构、科研院所和养殖户等各种社会资源，实现了多位一体的共赢，为推进乡村全面振兴提供了宝贵的创新经验。

人物风采

　　盱眙县物华天宝，人杰地灵。流淌几万年的淮河水，孕育了盱眙人勤劳勇敢、扎实肯干的禀赋，而千余年的运河文化，又陶冶出盱眙人心怀四方、高瞻远瞩、敢打敢拼的独特气质。"五湖四海闯荡，红红火火终生。"30多年来，从稻虾共生的田间地头，到龙虾产业的各个链条，盱眙县涌现出一大批勇于担当、敢于创新、善于作为的先进人物，他们不仅是盱眙龙虾产业的见证者，更是盱眙县社会经济发展的推动者和缔造者。

杜守军：稻虾共生蹚出生态致富路

　　杜守军，1974年3月出生，中专学历，中共党员。2014年开始在盱眙县穆店镇永华村工作，历任民兵营长、村委会副主任、村党总支副书记等职务，现任永华村党总支书记、村委会主任。2019年荣获"盱眙县优秀党务工作者"称号。

产业致富的领路人。在杜守军的带领下，永华村由原先的软弱后进村逆袭为村集体经济收入突破100万元、农民人均纯收入突破2万元的示范村。现在的永华村，稻虾共生面积达7500亩，参与农户165户，纯收入达2500～3000元/亩。目前，永华村注册有"高鑫"牌商标，"稻虾缘龙虾米""绿谷阳光龙虾米"获得绿色食品证书。村民土地承包费每亩由原来的600元增至900～1000元，在增加村民收入的同时，也给部分剩余劳动力、贫困户提供家门口务工的就业岗位，真正实现了"一只虾养活一方人"。

杜守军

群众心中的好书记。杜守军总是先人后己，一切以村民利益为主。他在工作之余报名学习有关稻虾共生的知识，并在自家承包的田地里做试验，不断探索，在取得成功后积极宣传、分享给农户，使大家都能少走弯路，获得更大的利益。闲暇时他喜欢到张大爷家、王大妈家坐坐，听他们聊聊家常，问问他们的生活情况。日常中唯一能见到他发火的事就是听到哪家子女不孝顺父母、对年迈的父母不闻不问的，他会第一时间上门去了解情况，对子女进行批评教育，对不听劝说的甚至不惜采用法律手段，直到事情圆满解决。

未来发展的急先锋。在永华村稻虾共生产业取得一定效益后，杜守军又思考如何才能带领永华村人更好地向前发展。2020年开始结合穆店镇全域土地整治的契机，积极上报申请以永华村为试点，拆除破旧房屋，进行农用地整理合并、沟路涵配套，建设高标准农田，更好地发展稻虾共生产业。2023年与大圣村联合成立的淮安永圣农业有限公司，选育优良稻虾米及小龙虾品种，注册产品商标，打造优质龙虾米品牌，增加村集体收入，带领村民就业。同时，结合全镇区域整治项目对永华村村庄道路进行绿化美化，打造优

杜守军查看龙虾品质并提出指导意见

美村庄环境，向龙虾加工、亲子垂钓项目、生态观光游项目等二三产业发展，最大化提高农民收入，使永华村更加稳步向前。

卢 勇：龙虾养殖新模式的领航者

　　卢勇，男，1969年1月29日出生于江苏省盱眙县，毕业于江苏省农业广播电视学校。卢勇曾是盱眙县交通局下属单位工程处的一名下岗职工，于2017年创办盱眙祥丰农业发展有限公司，开启了自主创业之路。公司位于盱眙县黄花塘镇芦沟村，占地面积620亩，一开始就采用稻虾共作的新型种养模式，实现了一田两种、一水两用，大大地提高了养殖的经济效益。此后几年，卢勇在黄花塘镇政

卢勇

府的帮助和指导下不断学习，提高自己的养殖技术，不断完善稻虾共作模式，实现了亩均效益的不断增长，每亩从2018年的2000元逐步增加到2023年的3500元。在卢勇的示范带领下，稻虾共作新型种养模式得到了周围养殖户和芦沟村村民的认可，养殖户纷纷将传统的池塘养虾模式改成稻虾共作新模式，不少村民也在自家稻田的四周挖上虾沟投放虾苗。

　　"路漫漫其修远兮，吾将上下而求索。"卢勇并没有满足于现有的成绩，一直致力于探索和尝试新的种养模式。2022年10月，卢勇在黄花塘镇政府的指导下，在家庭农场内开展实验了稻-虾-蟹综合种养模式，探索稻-虾-蟹茬口衔接技术。每年3月初投放虾苗，4月中旬捕捞成虾上市。4月下旬再次投放虾苗进行第二轮成虾养殖，5月20日至6月中下旬捕捞成虾上市。6月中旬栽种水稻，10月水稻成熟收割。4月底投放蟹苗，10月底捕捞成蟹上市。这种稻-虾-蟹高效生态综合种养模式实现了亩均产成虾270千克、河蟹55千

卢勇和水产养殖专家交流小龙虾生长情况

克、水稻550千克，亩均收入8250元，除去亩均养殖成本3550元，达到了亩均利润4700元。稻－虾－蟹综合种养模式充分利用了稻田时间和空间优势，不仅在稻前开展两茬小龙虾养殖，还在稻中开展河蟹养殖，是一种稻田高效生态种养模式。

从2017年开始到今年整整7年，卢勇一直踏踏实实搞养殖，开拓创新，成为盱眙县龙虾养殖新模式的领航者，获得了众多养殖户及政府的认可，被评为盱眙县优秀科技示范户、致富带头人和淮安市级示范户。

刘建保：做大早虾产业，推动强村富民

刘建保，1963年11月出生，盱眙县黄花塘镇时家集村人，1989年参加村里工作，2012年任村党支部书记。在镇党委、镇政府的关心支持下，在"村两委"的共同努力下，围绕产业结构调整，坚持绿色富民，着力将强村富民作为发展第一要务，努力走出了一条独具时家集特色的乡村振兴之路。

刘建保

定思路，谋大路，书记帮村献真情。2013—2014年，仅用了一年多时间，时家集村稻虾共生模式获得成功，亩均收入达到2000元，实现了一田两种、一水两用。2015、2016年连续两年举办了全县稻虾共生现场会。全村逐步形成了资源互补、技术互助、市场共享的共同体，突出"早"字当先，早栽秧、早投苗、出早虾，繁养错时，错峰销售，种养技术不断成熟，种养模式不断创新，经济效益不断增加，效益好的亩均可达5000元。在刘建保的带动下，全村龙虾产业已具规模，养殖户有580户，面积达9000亩。时家集村成为盱眙县稻虾共生的创新地和发源地，突破传

刘建保指导村民万金友捕捞稻中虾

统农业单一产业弊端，践行绿色发展理念和可持续发展理念，实现提质增效，为新农村既发展经济又保护生态环境做出了有效的尝试。户均十几亩稻虾散户种养被称为"时集模式"，得到农业农村部、江苏省、淮安市有关部门的高度认可，多次接受央视、新华网、人民网的采访宣传报道，成为盱眙县强村富民的辐射中心和示范窗口。

"时集模式"2016年获得江苏省农业三新工程项目，成为淮安市远程教育示范点。2018年，时家集村成为江苏省稻米产业强村富民典型村、江苏省"一村一品"示范村。刘建保2018年被盱眙县委组织部评为头雁支部书记，2019年被盱眙县委、县政府评为优秀共产党员、全县十佳养殖能手，2020年被评为淮安市劳动模范，2022年被评为淮安市小龙虾产业高质量发展市级示范户。

陈 环：超红小龙虾，用心为盱眙龙虾锦上添花

陈环，1978年出生于江苏省盱眙县，中共党员。1999年毕业于苏州大学水产学院，现为盱眙天发观赏鱼养殖专业合作社理事长，江苏省乡土人才"三带"能手、淮安市淮上英才、盱眙县都梁英才，乡村振兴技艺师。

婀娜多姿的观赏鱼被誉为"一幅游动的风景画"。随着人们生活品质的提升和审美情趣的多样化，养殖观赏鱼已成为一项极富情趣的休闲活动，吸引着越来越多热爱生活的国内外消费者。作为江苏省规模最大的出口观赏鱼养殖企业，盱眙天

陈环

发观赏鱼养殖专业合作社从2016年起开展出口业务，金鱼、水晶虾、红耳彩龟等产品出口至欧洲、东南亚、北美洲等20余个国家和地区。

2019年陈环在养殖龙虾中发现个别超红变异小龙虾，眼光敏锐的他感觉到商机。在盱眙县农业农村局的指导下，陈环带领团队经过5年的超红小龙虾选择性繁殖，终于在2023年5月实现了超红小龙虾的遗传稳定性。该虾颜色艳丽、壳薄、肉质更具鲜美口感，不仅有食用价值，而且还具备观赏价值。陈环在2024年4月改建了50亩池塘，用于超红小龙虾更大规模的扩繁，为盱眙

龙虾产业锦上添花。

陈环全面负责盱眙天发观赏鱼养殖专业合作社的各项工作，积极参与技术指导工作，并与江苏海洋大学、苏州大学、江苏省淡水水产研究所、连云港海关实验室等单位合作，在水生动物育

陈环在检查观赏小龙虾生长情况

苗、养殖及疾病控制方面取得重大突破，在人工繁殖、新产品开发等方面做出了一定的成绩，成为行业表率。他主动向周边群众传授养殖技术，近几年来共为周边群众和相关水产企业培训40余次。通过近年来的发展带动合作社成员户增收20%以上，每年为农民创造工资性收入100余万元。

盱眙天发观赏鱼养殖专业合作社先后被评为江苏省"五好"农民合作社示范社、淮安市市级农民合作社示范社、盱眙县青年农民创业基地、盱眙10佳创业之星、盱眙10大农产品品牌、盱眙10佳农民专业合作社、江苏省"头雁"示范社、国家农民合作社示范社等。

芮　锋：砥砺深耕，带动龙虾美味走向世界

芮锋，1978年11月出生，盱眙县管仲镇人，毕业于江苏广播电视中等专业学校，现任江苏红胖胖龙虾产业集团有限公司董事长，高级乡村振兴技艺师、淮上英才计划乡土人才、苏北计划导师服务团成员，曾获第十届全国农村青年致富带头人、江苏省乡土人才"三带"名人、全国劳务品牌盱眙龙虾厨师形象代言人、淮安市人才创新创业大赛优秀奖等荣誉。

芮锋

从2004年涉足盱眙龙虾产业，用近20年的坚持，创办了6家龙虾企业，形成了集水产品贸易、龙虾加工、调料加工、餐饮连锁、职业教育培训、电子商务于一体的盱眙龙虾全产业链公司。作为盱眙龙虾产业开拓者，芮锋在龙虾

调味技艺传承、盱眙龙虾产业发展和带动群众脱贫增收领域做出了突出贡献，成为一个拥有30余项各类专利的龙虾产业工匠。

芮锋向媒体介绍小龙虾的挑选方法

芮锋是一个具有社会责任感的企业家，江苏红胖胖龙虾产业集团有限公司直接带动就业300余人，间接带动超过2万人就业和创业。每年他都会邀请专家，免费为困难农户开设龙虾养殖技术培训班和龙虾烹饪技术培训班，培养新型职业农民，通过智慧扶贫切实改变贫困面貌。他专门拿出一部分资金和中华慈善总会成立了"红胖胖"助学助困基金，用于帮助困难学子、困难群众及大病患者。扶贫助困方面，结对帮扶2个江苏省级贫困村、5个贫困户脱贫，资助一名贫困学生从初一到大学所有学费，在盱眙中学设立100万元助学基金，累计捐款捐物超过200万元。

芮锋是一个独具创新精神的企业家，20年来为盱眙龙虾产业开创了多个第一和唯一。首次提出"三白两多"盱眙龙虾标准，成为消费者更容易识别盱眙龙虾的好方法；开创了第一家4D食品安全厨房，让消费者放心食用小龙虾；第一家获批食品生产许可证，让盱眙龙虾走进全国大型卖场；首家参与投资拍摄小龙虾院线电影，把小龙虾搬上大银幕；首条自主设计整肢小龙虾生产线，使得小龙虾标准化生产；第一家出口澳大利亚、加拿大等7个国家和地区的盱眙龙虾企业，让盱眙龙虾跨出国门。

许瑞海：百亿龙虾产业的灵魂调味工匠

许瑞海，1974年9月出生，江苏省睢宁县人，1993年随父亲许建忠到盱眙县从事龙虾调料的经营，现任盱眙许记味食发展有限公司总经理，是江苏省盱眙龙虾协会副会长、江苏省乡土人才"三带"名人、江苏省美食工匠、江苏省许瑞海乡土人才大师工作室领办人、盱眙龙虾产业创业之星。

30年来，许瑞海见证了盱眙龙虾产业从无到有、由小到大的蓬勃发展。民

许瑞海

以食为天，食以味为先。作为盱眙龙虾调料创始人许建忠的传承人，许瑞海孜孜以求，从不敢懈怠。在传承、挖掘传统调味经验和技术的基础上，他与父亲许建忠一起开始了对盱眙龙虾调料的探索和研究。在采用纯天然香辛料解决了龙虾去腥的问题之后，又在传统的十三香基础上增加了五味，不仅达到了赋香的效果，让食客吃后欲罢不能，而且还有美容养颜的功能，得到了南京中医药大学孟景春教授的认可，让盱眙龙虾插上了腾飞的翅膀，走出了国门。

在盱眙县政府的强力推动和引导下，龙虾产业成就了餐饮业的蓬勃发展。第一代龙虾调料都是针对龙虾餐饮店开发的，在龙虾烹饪上需要有专业的技术，这就让盱眙龙虾进入家庭厨房有了一定的难度。针对这个问题，许瑞海在2010年首创了第二代盱眙龙虾调料，做到了"三斤龙虾一包料，在家做出好味道"的效果。龙虾洗净，水与虾平，拆包下料，烧熟就行。许瑞海引领了整个龙虾调料行业的变革，让盱眙龙虾真正地走进了家庭餐桌。"许建忠"品牌从个体到作坊，再到企业，实现了可持续的发展，成为助推盱眙龙虾产业的重要力量。公司提供近百个就业岗位，年产值3000余万元，每年输出龙虾大厨2000余名，为盱眙龙虾美食文化添砖加瓦。

从业多年以来，许瑞海深深感到个人不学习就会落后，企业不创新必被淘汰。他除了专注于龙虾调料及其他延伸调料的研究和创新之外，在企业践行产品和品牌文化，创建了龙虾调料博览馆、知新书院、美食体验馆等。

许瑞海开展新配方香辛料的研发

平 健：倾心打造盱眙龙虾电商品牌

平健，1974年12月出生，中共党员，"满家乐"品牌创始人，江苏省盱胎龙虾协会电商委员会主任、江苏省洪泽湖渔业协会副会长。曾获中国光华科技基金会授予的阅读阅中国"领读者"称号，以及江苏省乡村产业振兴带头人、江苏省优秀农业职业经理人等荣誉，是中国小康建设研究会制定并发布的《乡村振兴示范村评价标准指南》团体标准和《阿里巴巴本地生活"阳光小龙虾"商品信息展示要求》企业标准的起草人。

平健

2018年，平健应家乡招商发展需要，在盱眙县经济开发区投资兴办江苏满家乐食品有限公司，安置大龄劳力就业，同时加大技改，先后获得1件计算机软件著作权、5件实用新型发明专利，累计注册商标60多件。

新冠疫情对地方龙虾产业的发展影响很大，销售商的积极性也很受打击。为此，平健邀请江苏省盱眙龙虾协会及盱眙县农业农村局、商务局、融媒体中心作为指导单位，积极与京东生鲜对接，领衔创办盱眙互联网龙虾节，连线直播"寻鲜节-盱眙龙虾溯源专场"，活动当天实现交易额22.6万元，在京东平台海鲜水产类单日排名第四。冷链快递费居高不下对盱眙县电商产业发展影响很大，平健将自己的快递优势开放给大家共享，费用从9折降到6.5折，直接让冷冻龙虾及预制菜的从业者获益并提高市场竞争力。

平健出钱在盱眙全球龙虾交易中心和开发区满家乐工厂设置收件网点，给电商经营户进行免费指导，力争把龙虾卖得更好，促进地方龙虾产业的数字化升级。平健参加2023年长三角渔业科技论坛暨水产养殖大会做题为《互联网助力优质水产品营销》的发言，2024年南京农业大学上海校友联盟年会上做预制菜生活的主题分享，在多个展会活动中推介盱眙龙虾，让更多的人了解龙虾预制菜和龙虾电商。平健先后与南京农业大学、盱眙县农业广播

平健在海南考察农产品深加工

电视学校联系合作，接待并培训近千名学员。筹建电商培训系统和农产品销售平台，让大家的产品统一放在微信小程序"满家乐"平台上进行展示售卖。

在国家脱贫攻坚"扶贫先扶智"的号召下，平健2020年为贫困山区出资10万元捐建满家乐爱心图书室，为山区孩子分享好书。2023年来到家乡河桥镇仇集，为仇集中学捐助学金4万元，并为学校的"山爸山妈"志愿者送上新年礼物。

於新凯：坚守"匠心"味道，引领龙虾产业发展

於新凯，出生于1977年10月，江苏盱眙人。现任盱眙於氏龙虾餐饮服务连锁有限公司总经理，兼任江苏食品药品职业技术学院龙虾研究院副院长。先后获得中国烹饪大师、中华金厨奖、中国最美青年名厨、江苏餐饮业十大工匠、淮扬菜美食工匠、新中国成立70周年江苏餐饮业功勋人物、江苏省乡土人才"三带"能手等荣誉。

自公司创办以来，於新凯担任技术总监，带领团队创新研发於氏龙虾调料，总结多年烧制龙虾的实践经验，结合现代美食理论，采用30余种

於新凯

中草药与名贵香料，研制开发出虾神龙虾独特的调料配方，同时积极开发新的特色口味，如泡菜龙虾、都梁香龙虾等。在於新凯的带领下，公司蝉联中国·盱眙国际龙虾节烹饪大赛金奖，获评江苏龙虾餐饮名店、盱眙龙虾旅游四星级饭店、江苏龙虾人才培养示范基地等荣誉，"於氏虾神龙虾"被中国饭店协会授予中国名菜、中国名宴等荣誉。

几年来，於新凯应江苏省餐饮行业协会邀请，在非遗美食课堂进行现场授课；应淮安市总工会"劳模工匠云讲堂"栏目组邀请，来到直播间为广大职工传授十三香龙虾烹饪技术。在2020年9月中国·江苏国际餐饮博览会上，公司获得非遗美食传承基地的荣誉，於新凯获得盱眙十三香龙虾烹饪技艺非遗美食促消费代言人的荣誉。2020年9月，於新凯受江苏餐饮行业协会邀请，在"亲情中华·魅力江苏"第二届经典淮扬菜海外推广研习班现场教学，向海外厨师界传播盱眙龙虾饮食文化。2021年，於新凯积极响应号召，参加淮安"强兵

於新凯进行新口味研发

兴业"工程第二期龙虾烹饪培训，对退伍军人进行龙虾烹饪培训，为他们创业就业提供技术指导。

近年来，於氏餐饮、虾神龙虾先后接受央视中文国际频道"江河万里行——远方的家"、科教频道"味道"、农业农村频道"乡村大世界"等节目采访，入选《寻味中国》大型专题纪录片，还被东方卫视、江苏卫视、湖南卫视等多个地方电视台采访报道。

张晓东：龙虾产业发展的国企担当

张晓东，1968年12月出生，江苏盱眙人，大专学历，现任江苏盱眙龙虾产业发展股份有限公司董事长、盱眙县天源控股集团有限公司董事长。作为推动盱眙龙虾产业发展的县属国有企业掌门人，张晓东主动担当作为，找差补短强特，为推动盱眙龙虾产业高质量发展做出了积极贡献。

种苗是龙虾产业发展的"芯片"，更是张晓东心中的"一号工程"。在他的直接部署和推动下，

张晓东

公司基地快速建成了龙虾连栋育苗大棚、生态家系选育池、苗种孵化中心。通过他的大量沟通和对接，与江苏省淡水水产研究所共同培育的'盱眙1号'龙虾新种苗成功发布，平均收获体重提高18.62%，亩产提高18.8%，一直"卡脖子"的龙虾种苗"芯片"技术取得重大突破。

龙虾产业是盱眙的特色产业、支柱产业和富民产业。张晓东以打造稻虾共生高标准示范基地为契机，通过密集走访调研，牵头制定了"公司＋基地＋大户"的合作模式，以及统一种养模式、统一生产标准、统一苗种供应、统一技术培训、统一服务管理、统一产品销售"六统一"的管理模式，带动村集体年均增收超15万元，农户亩均增收1000元以上。同时加大订单农业规模，吸引

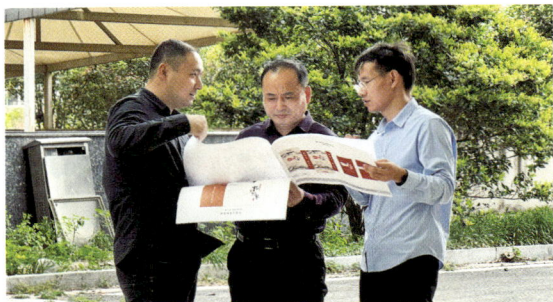

张晓东现场推动盱眙龙虾大厦规划设计工作

更多养殖户、种植户加入产业链条，让更多农民朋友享受盱眙龙虾产业发展的红利。

2021年底，为填补盱眙龙虾精深加工发展短板，他以盱眙龙虾加工中心为载体，制定了"借船出海、招大引强"的发展战略，选择与叮咚买菜共建盱眙龙虾超级工厂，推出的即食冷吃类小龙虾风靡长三角。新冠疫情防控期间，他主动与各部门进行沟通和争取，挂帅防控专班、严格闭环管理，为超级工厂纾困解难。运营首年，工厂产值突破8000万元。同时聚焦推进盱眙龙虾大厦主题酒店、全民龙虾美食夜市"尪街"项目，打造盱眙城市旅游打卡地和盱眙龙虾美食目的地。

在盱眙龙虾"二次创业"的大背景下，张晓东以身作则，率先垂范，公司实体化运营蹄疾步稳。马坝旧街基地荣获首批江苏省现代农业全产业链标准化基地称号，并获批创建国家级现代农业全产业链标准化示范基地；"盱眙龙虾香米"获得地理标志证明商标、2022全国稻渔综合种养优质渔米评比推介活动金奖。

王晓鹏：实验做在田埂边，论文写在水中央

王晓鹏

王晓鹏，1972年出生，中共党员，高级工程师，现任盱眙县龙虾产业发展服务中心主任。2015年以来，王晓鹏在盱眙县农业产业结构供给侧调整稻虾共生综合种养等农民增收工作中做出了突出贡献。特别是在革命老区贫困村黄花塘镇时家集村，王晓鹏通过引导、培训、推广稻虾共生模式，打造出3年脱贫的"时集模式"，成为江苏省脱贫攻坚、乡村振兴的成功典范。由王晓鹏主讲，在全县各镇（街道）举办了42次"稻虾共生综合

种养殖"技术讲座培训，把近几年实施的省级水产三新工程、挂县强渔富民工程、省级农业重大协同推广等项目所取得的较为成熟的

王晓鹏指导养殖户如何养殖小龙虾

技术和模式不断地传授、推广，参训人员3600余人次。在盱眙县农业农村局的关心指导下，联合上海海洋大学专家、教授一起编写《盱眙县稻虾共生综合种养技术指导手册》，并不断修正完善，印刷6000余册免费发给种植户、养殖户，使用"土专家"朴素的语言，一招一式手把手指导种植户、养殖户，真正做到"实验做在田埂边，论文写在水中央"，得到了广大虾农们的一致好评。

多年以来，王晓鹏积极完成省、市、县渔业主管部门下达的各项工作任务，先后获得中国科协、财政部授予的全国科普惠农兴村带头人、全国十大科技服务志愿者称号，农业农村部授予的全国农牧渔业丰收奖二等奖，全国水产技术推广总站授予的全国最美渔技员称号，江苏省政府授予的第九届江苏省农业技术推广一等奖，江苏省委宣传部授予的江苏省文化科技卫生三下乡服务标兵、江苏好人，等等。

朱 耀：盱眙龙虾产业振兴的践行者

朱耀，1968年出生，江苏盱眙人，大学学历，中共党员，现任盱眙县农业农村局党组书记、局长。在农业农村系统工作多年来，朱耀坚持以农业农村高质量发展为目标，狠抓乡村振兴各项工作落实和向上争取，实现了农业高质高效、乡村宜居宜业、农民富裕富足。在他的带领下，盱眙县先后获批中国特色农产品优势区（盱眙小龙虾）、国家级稻渔综合种养示范区、全国稻虾共生标准化示范区、国家现代农业产业园等荣誉。盱眙县在淮安市乡村振兴考核中

朱耀

连续多年获得第一等次，2023年荣获江苏省乡村振兴考核综合第一等次。盱眙县农业农村局连续6年荣获全县高质量发展考核第一等次，并多次获得重特大项目考核一等奖。

朱耀深知，产业兴旺才能保证农民收入稳定增长，推动农业高质量发展。近年来，他坚持生态优先，绿色富民，创新发展稻虾共生综合种养模式，比一稻一麦种植亩均增收2600元以上。同时，紧扣"种源、标准、加工、品牌"四个重点，大力推动盱眙龙虾"二次创业"。在他的大力推动下，2023年全县龙虾养殖面积达97.5万亩，其中稻虾共生面积达77.5万亩，年产龙虾12.5万吨，年交易量17万吨，从事龙虾产业人员21万人，达到306亿元产业规模。"盱眙龙虾"获评2019年首届江苏省十强农产品区域公用品牌，入选2021年国家地理标志产品保护示范区筹建名单，纳入农业农村部2022年农业品牌精品培育计划名单；盱眙龙虾节荣获2021中国十大节庆品牌称号。2023年，"盱眙龙虾"品牌价值达到353.12亿元，连续8年位列全国地理标志品牌水产类第一。

朱耀现场指导淮河镇稻虾种养扩面工作

朱耀2021年荣获江苏省脱贫攻坚暨对口帮扶支援合作先进个人、2022年荣获淮安市乡村振兴工作先进个人、2023年荣获淮安市劳动模范等荣誉。

张承东：传播盱眙龙虾文化的使者

张承东，1958年9月生，江苏盱眙人，研究生学历，现为江苏省盱眙龙虾协会副会长。曾任盱眙县委宣传部副部长、县委外宣办主任、盱眙日报社总编辑、县委办副主任兼县台办主任、四级调研员等职；长期担任盱眙龙虾节组委会办公室副主任，多次获盱眙龙虾节先进个人、中国节庆产业十大理论人物等荣誉，被誉为热心传播盱眙龙虾文化的使者。

张承东

自2000年起，张承东参与盱眙龙虾节创办并成为组委会核心成员。他在牵头组织盱眙龙虾节策划中，跳出县域，汲取中国著名节庆长处并紧扣盱眙发展需要，设计出许多在全国节庆界独创且有较好富民效果和新闻卖点的活动。仅前12届盱眙龙虾节就举办各类活动500多场，其中盱眙龙虾开捕仪式、"登高望远"大型文艺晚会、万人龙虾宴等成为经典性活动。他探索出"以我为主、多点传播"的龙虾节庆传播新模式，被江苏省委外宣办肯定总结并向全省推广。

20多年来，张承东一直坚持从事盱眙龙虾产业和盱眙龙虾节的文化研究。他总结归纳出市场化运作、多元化目标追求、借力借势发展、融入大城市等盱眙龙虾节创新特色，撰写并在媒体上发表论文30余篇。他撰写的《盱眙龙虾节创新实践》案例获淮安市干部培训案例一等奖，他研究盱眙龙虾节的成果被编入上海师范大学旅游会展专业教材中。2023年，张承东出版专著《龙虾风云》，全面展示盱眙龙虾产业30年发展历程与成果。

张承东力推盱眙龙虾节向高端发力。他策划发布《中国现代著名节庆盱眙宣言》（2007年）、《世界知名节庆盱眙宣言》（2009年），先后在盱眙策划举办了江苏节庆科学发展研讨峰会、长三角节庆国际化论坛、淮河文化精英论坛等，在北大百年纪念讲堂举办"盱眙龙虾节文化张力"主题论坛、在北京京西宾馆举办节庆经济与节庆文化研讨会。盱眙龙虾节先后获得国际节庆协会（IFEA）评为的"IFEA中国最具发展潜力十大节庆""中国十大品牌节庆"等国内外40多项荣誉，成为中国著名代表性节庆。

张承东向外地客人介绍盱眙龙虾品牌文化成果

117

CHAPTER 12

大事记（2000—2023年）

2000年

7月19日，中国龙年盱眙龙虾节在盱眙龙虾城开幕。

2001年

7月11日，江苏盱眙·中国龙虾节在淮河风光带开幕。

2002年

6月8日，江苏盱眙·中国龙虾节在淮河纪事园开幕。

7月25日，盱眙县龙虾研究开发中心在县畜牧渔业发展局成立。

11月28日，克氏原螯虾大规模生态养殖综合配套技术推广项目"陡湖70公顷龙虾育苗商品养殖"顺利通过江苏省三项工程专家组验收。

2003年

7月，盱眙县陡湖水产养殖示范场"陡湖"牌龙虾、盱眙县食品总公司"龙头"牌特色风味龙虾获得中国绿色食品发展中心颁发的绿色食品证书。

8月19日，江苏省盱眙龙虾协会在盱眙县成立。

8月26日，第三届中国龙虾节在盱眙中学开幕。

2004年

6月，江苏省盱眙龙虾协会首次举办盱眙龙虾烹饪大赛，全国100余家宾馆饭店的多名选手参赛。

7月6日，第四届中国龙虾节在盱眙中学开幕。

12月28日，"盱眙龙虾"证明商标获得国家工商行政管理总局商标局批准注册，成为我国第一例动物类原产地证明商标。

2005年

6月28日，第五届中国龙虾节在盱眙中学开幕。

11月29日，中国龙虾节被国际节庆协会（IFEA）评为"IFEA中国最具发展潜力十大节庆"。

12月28日，《红色风暴——走进盱眙·中国龙虾节》一书在盱眙县新华书店举行首发仪式。

2006年

5月5日，由盱眙县质量技术监督局起草的《盱眙龙虾》标准草案通过江苏省地方标准审定，并于5月30日向社会公布，7月8日正式实施。

6月2日，江苏省盱眙龙虾协会通过ISO9001质量管理体系认证。

7月1日，"盱眙龙虾"牌龙虾获得江苏省质量信用产品证书。

7月8日，第六届中国龙虾节在盱眙中学开幕。

10月17日，盱眙县陡湖水产养殖示范场生产的"盱眙龙虾"牌龙虾，被农业部评为中国名牌农产品。

10月28日，盱眙龙虾博物馆开馆。

12月25日，"盱眙龙虾"被江苏省工商行政管理局认定为江苏省著名商标。

12月，"盱眙龙虾"牌龙虾获得江苏名牌产品证书。

2007年

6月11日，第七届中国龙虾节在盱眙中学开幕。12日，举行万人龙虾宴，创世界上规模最大、人数最多的吃龙虾吉尼斯纪录。16日，第十届全国政协副主席张怀西为龙虾节题词"盱眙龙虾甲天下"。

6月23日，中澳龙虾养殖中心揭牌，中澳合作的龙虾研发、养殖基地江苏满江红龙虾产业园落户盱眙。

9月20日，明祖陵镇万亩龙虾养殖基地被江苏省质量技术监督局批准为江苏省克氏原螯虾养殖标准示范区。

9月25日，江苏省盱眙龙虾协会获中国科协、财政部授予"全国科普惠农兴村先进单位"称号。

10月8—9日，中国工程院院士、国家杂交水稻工程技术研究中心主任袁隆平到盱眙县水稻原种场考察，并题赠"淮河明珠，生态盱眙""小龙虾，大产业，发展盱眙经济"。

11月7日，在首届全国劳务品牌展示交流大会上，"盱眙龙虾加工制作"获全国优秀劳务品牌荣誉。

2008年

2月，盱眙县被江苏省海洋与渔业局批准为省级高效渔业规模化建设示范县。

6月12日，第八届中国·盱眙国际龙虾节开幕。

6月20日，盱眙推介会在北京人民大会堂举行，第十一届全国政协副主席李金华为龙虾节题词"小龙虾，大文章"。

6月23日，中澳龙虾技术研究中心在盱眙揭牌。

6月28日，中国烹饪协会在盱眙举行"中国龙虾之都""中国名菜"命名授牌仪式。

11月，位于淮河镇占地100亩的中国龙虾批发市场投入运行。

2009年

1月3日，在第四届中国节庆产业年会上，中国·盱眙国际龙虾节获"2008年中国节庆产业十大饮食类节庆"称号。

1月，盱眙县水产技术指导站于2007—2008年度组织实施的"克氏原螯虾苗种繁育与养殖技术研究及推广"项目，获江苏省人民政府授予的江苏省农业技术推广奖一等奖。

4月24日，国家工商行政管理总局商标局批复，认定"盱眙龙虾XUYILONGXIA及图"商标为中国驰名商标。

6月11日，国家质量监督检验检疫总局批准对"盱眙龙虾"实施地理标志产品保护。

6月12日，第九届中国·盱眙国际龙虾节在盱眙奥体中心开幕。

7月27日，"盱眙龙虾加工创业基地"被农业部命名为第二批全国农产品加工创业基地。

12月18日，首届中国农产品区域公用品牌建设论坛在北京举行，会上发布"盱眙龙虾"品牌价值为41.30亿元，跻身中国农产品区域公用品牌价值百强。

2010年

1月，盱眙县满江红龙虾产业园被认定为江苏省引进国外智力成果示范推广基地。

6月12日，第十届中国·盱眙国际龙虾节开幕。27日，《人民画报》刊登"第十届中国·盱眙国际龙虾节特刊"。

10月30日，在上海举行的第六届中国节庆产业年会上，中国·盱眙国际龙虾节获"2010年度中国节庆产业十大品牌节庆"称号。

11月10日，江苏盱眙满江红龙虾产业园有限公司生产的"瑞福农"牌龙虾，获得中国绿色食品发展中心颁发的绿色食品证书。

12月，《虾潮奔涌——中国·盱眙国际龙虾节十年历程纪实》由文化艺术出版社出版发行。

2011年

1月12日，由农业部、浙江省人民政府联合举办的首届中国农产品品牌大会在杭州召开，会上发布"盱眙龙虾"品牌价值为65亿元，居全国地理标志品牌水产第一。

3月16日，中国渔业协会发布《盱眙龙虾无公害池塘高效生态养殖技术规范》。

6月12日，第十一届中国·盱眙国际龙虾节开幕。13日，江苏、湖北、江西、湖南、安徽五省龙虾核心主产区的企业、协会负责人，在盱眙共同发起成立中国龙虾产业联盟。

2012年

6月12日，第十二届中国·盱眙国际龙虾节开幕。13日，全国龙虾养殖经验交流会在盱眙举行。15日，盱眙龙虾创新菜肴展在泗州君悦饭店举行。

11月，中国银行江苏省分行为盱眙龙虾设立金融产品"盱眙龙虾益农贷"，规模5000万元，支持盱眙龙虾产业发展。

2013年

6月12日，第十三届中国·盱眙国际龙虾节开幕，首次开展盱眙龙虾开捕活动。14日，"中国红宴"盱眙龙虾美食街开工建设。22日，全国龙虾养殖经验交流会召开。

12月20日，"盱眙龙虾"商标入选2013我最喜爱的江苏商标。

2014年

6月12日，第十四届中国·盱眙国际龙虾节开幕。23日，盱眙龙虾品牌与产业发展战略研讨会在北京的江苏大厦举行。

12月21日，"盱眙龙虾（非活）"获得国家工商行政管理总局商标局批准，注册为地理标志证明商标。

2015年

1月17日，"盱眙龙虾"入选江苏农产品和地理标志商标20强。

6月8日，阿里巴巴—淘宝网特色中国盱眙馆开馆仪式在盱眙县举行。

6月12日，第十五届中国·盱眙国际龙虾节开幕，首度以"小盱""小眙"卡通形象作为龙虾节的吉祥物。

8月16日，盱眙县龙虾产业发展局正式组建。

11月，《盱眙龙虾品牌之路》由河海大学出版社出版发行。

12月12日，中国品牌建设促进会评定"盱眙龙虾"品牌价值达166.80亿元。

12月19日，"盱眙龙虾"荣获第二届江苏品牌紫金奖"2015富有竞争力的江苏地理标志品牌"称号。

2016年

1月12日，盱眙龙虾创业学院挂牌成立。

3月7日，江苏省海洋与渔业局、农业委员会在盱眙县召开全省稻渔综合种养现场观摩会议。

6月12日，第十六届中国·盱眙国际龙虾节开幕，全国10家龙虾协会现场签署"中国龙虾产业联盟合作协议书"。同日，2016盱眙龙虾产业博览会开幕。

8月31日，洪泽湖虾类国家级水产种质资源保护区获农业部批准。

9月24日，盱眙县荣获中国林业产业联合会命名的"2016全国森林旅游示范县（市）"称号。

11月29日，江苏省委书记李强来盱眙调研，对盱眙通过打造龙虾特色产业促进农民增收带动更多产业发展给予肯定。

12月12日，中国品牌建设促进会评定"盱眙龙虾"品牌价值达169.91亿元。

2017年

5月3日，盱眙龙虾小镇入选江苏省第一批25家省级特色小镇创建名单，是淮安市唯一一家。

6月12日，第十七届中国·盱眙（金诚）国际龙虾节开幕，中国渔业协会授予盱眙县"中国生态龙虾第一县"称号。

6月21日，江苏省委副书记、代省长吴政隆考察盱眙小河农业发展有限公司稻虾共作示范基地。

8月18日，美食喜剧电影《泡菜爱上小龙虾》首度观影仪式在盱眙举行。

9月20日，第十五届中国国际农产品交易会组委会发布2017百强农产品区域公用品牌名单，"盱眙龙虾"榜上有名。

11月25日，江苏盱眙龙虾产业发展股份有限公司生产的盱眙龙虾米荣获2017全国稻渔综合种养优质渔米评比推介活动金奖。

12月25日，盱眙小龙虾入选农业部等九部委认定的中国特色农产品优势区名单（第一批）。

2018年

1月12日，盱眙县入选国家级稻渔综合种养示范区名单（第一批）。

1月，环保部授予盱眙县"国家级生态县"称号。

5月9日，中国品牌建设促进会评定"盱眙龙虾"品牌价值达179.87

亿元。

6月12日，第十八届中国·盱眙（金诚）国际龙虾节开幕，《2018龙虾全产业链白皮书》发布。

9月4日，江苏省海洋与渔业局、农业委员会和国土资源厅联合在盱眙召开全省稻渔综合种养工作推进会。

11月30日，第二届全国稻渔综合种养产业发展论坛暨全国稻渔综合种养模式创新大赛和优质渔米评比推介活动在盱眙县举办。

12月15日，在中国百强农产品区域公用品牌故事发布会上，"盱眙龙虾"荣获最佳品牌故事奖。

2019年

1月19日，在第三届江苏好大米评鉴推介活动中，江苏盱眙龙虾产业发展股份有限公司生产的盱眙龙虾香米荣获江苏好大米十大品牌。

5月9日，中国品牌建设促进会评定"盱眙龙虾"品牌价值达180.71亿元。

6月12日，第十九届中国·盱眙国际龙虾节开幕，"国家粳稻工程技术研究中心江苏分中心"在盱眙县揭牌。

7月4日，盱眙龙虾香米协会成立暨第一届代表大会召开。

8月13日，"盱眙龙虾"荣获2019"我最喜爱的江苏商标品牌"。

10月23日，中国工程院院士、杂交水稻专家袁隆平为盱眙县题词"盱眙龙虾香米，优质生态大米"。

11月15日，盱眙龙虾入选中国农产品市场协会发布的中国农业品牌目录300个具有代表性的特色农产品区域公用品牌、100个农产品区域公用品牌价值评估榜单。

11月16日，第二届中国品牌农业神农论坛在北京举行，"盱眙龙虾"获中国品牌农业神农奖。

11月26日，江苏省农业农村厅、自然资源厅和水利厅联合在盱眙召开全省稻田综合种养工作推进会，发布《关于加快推进稻田综合种养发展的指导意见》。

12月5日，中国质量万里行促进会发布首届"中国十珍""中国十宝"征选结果，"盱眙龙虾"荣获"中国十珍"称号。

12月11日，"盱眙龙虾"荣获"首届江苏省十强农产品区域公用品牌"称号。

2020年

1月12日，在2019品牌农业影响力年度推介晚会上，"盱眙龙虾"获评"最具影响力农产品区域公用品牌"称号。

5月10日，中国品牌建设促进会评定"盱眙龙虾"品牌价值达203.92亿元。

5月13日，农业农村部副部长于康震视察盱眙龙虾产业集团稻虾共生基地。

5月18日，第二十届中国·盱眙国际龙虾节开幕。

6月12日，中国龙虾产业高质量发展大会在盱眙召开。同日，宝能集团盱眙龙虾加工基地竣工投产，预计年产量0.8万吨。

6月14日，"盱眙龙虾香米"获得国家知识产权局批准，注册为地理标志证明商标。

6月16日，"盱眙龙虾号"高铁列车冠名首发仪式在上海虹桥高铁站举行。

9月8日，江苏省农业农村厅、文化和旅游厅、商务厅公布江苏省百道乡土地标菜名单，"盱眙十三香龙虾"榜上有名。

9月14日，"盱眙龙虾"入选中欧地理标志协定第二批175个中国地理标志产品保护清单。

11月10日，江苏省农产品电子商务交流培训会暨"互联网+"农产品出村进城工程建设推进会在盱眙召开。

12月25日，江苏盱眙龙虾产业发展股份有限公司、盱眙红满堂水产养殖家庭农场、盱眙县天诚养殖有限公司入选国家级水产健康养殖示范场（第十五批）。

12月，盱眙县30万亩水稻基地被中国绿色食品发展中心批准为全国绿色食品原料标准化生产基地。

2021年

4月28日，盱眙县举行盱眙龙虾"南繁北养"开捕仪式，宣传推介小龙虾"繁养分离"新技术。

5月9日，中国品牌建设促进会评定"盱眙龙虾"品牌价值达215.51亿元，连续6年蝉联全国地理标志品牌水产类第一。

5月18日，第二十一届中国·盱眙国际龙虾节开幕。

6月5日，盱眙龙虾北京旗舰店揭牌。

6月12日，举行盱眙龙虾博物馆（新馆）启用仪式和中国龙虾产业高质量发展大会。

6月4日，"盱眙龙虾"获得农业农村部农产品地理标志登记证书。

8月27日，"盱眙龙虾"入选2021年国家地理标志产品保护示范区筹建名单。

9月11日，在第十五届中国品牌节年会上，中国·盱眙国际龙虾节获得"2021中国十大节庆品牌"称号。

10月29日，2021年中国·江苏地标美食城市发展峰会在淮安举办，"盱眙十三香龙虾"入选江苏地标美食记忆名录。

12月8日，"盱眙龙虾"入选第二届江苏省十强农产品区域公用品牌。

12月13日，"盱眙龙虾"入选国家知识产权局第一批地理标志运用促进重点联系指导名录。

2022年

1月21日，盱眙县现代农业产业园被农业农村部、财政部认定为第四批国家现代农业产业园。

3月18日，盱眙县委、县政府印发《盱眙县"十四五"期间龙虾产业二次创业行动方案》，开启盱眙龙虾产业"二次创业"新征程。

4月27日，江苏省小龙虾产业集群项目入选农业农村部、财政部发布的2022年优势特色产业集群建设名单。

6月12日，第二十二届中国·盱眙国际龙虾节开幕，中国龙虾产业高质量发展大会在盱眙举行。

7月，中国农业大学国家农业市场研究中心发布"盱眙龙虾"品牌价值为306.5亿元。

8月29日，江苏省盱眙龙虾产业发展股份有限公司（盱眙龙虾）入列首批江苏省现代农业全产业链标准化基地。

9月19日，江苏省小龙虾产业集群项目启动会在盱眙召开。同日，盱眙国际龙虾节荣获"2022年江苏十佳丰收节庆特色活动"称号。

10月10日，江苏省盱眙龙虾产业"三院一中心"（江苏省淡水水产研究所盱眙龙虾产业研究院、江苏盱眙龙虾产业研究院有限公司、淮安市盱眙龙虾产业学院、江苏省小龙虾产业研究中心）机构成立揭牌仪式在马坝镇旧街村举行。

10月26日，"盱眙龙虾"入选农业农村部2022年农业品牌精品培育名单。

11月8日，"盱眙龙虾"入选农业农村部2022年农业品牌创新发展典型案例。

12 月 12 日，"盱眙龙虾"荣获首届江苏品牌农产品营销促销大赛金奖。

2023 年

1 月，全面展现盱眙龙虾产业 30 年发展历程的图书《龙虾风云》由江苏人民出版社出版发行。

2 月 20 日，盱眙全球龙虾交易中心举行首批商户签约仪式。

3 月，江苏省绿色食品办公室授予盱眙县"江苏省绿色优质农产品基地"称号。

4 月 12 日，国家标准化管理委员会发布公告，盱眙县成为第十批国家农业标准化示范区（稻虾共生）。

6 月 11 日，在盱眙全球龙虾交易中心举办中国（盱眙）渔业产品展销会。

6 月 12 日，第二十三届中国·盱眙国际龙虾节开幕，中国小龙虾产业高质量发展大会举办。同日，中国农业大学国家农业市场研究中心发布"盱眙龙虾"品牌价值为 353.12 亿元。

7 月，盱眙县入选全国县域旅游研究课题组、华夏佰强旅游咨询中心 2023 年全国县域旅游综合实力百强县。

8 月 1 日，盱眙县入选农业农村部、财政部、国家发改委公布的 2023 年农业现代化示范区创建名单。

8 月 22 日，盱眙县获批创建第一批国家现代农业全产业链标准化示范基地（小龙虾）。

9 月，"盱眙龙虾"入选江苏省农业农村厅公布的 2023 年"苏韵乡情·百优乡产"推介名单。

11 月 1 日，盱眙县《"小"龙虾吃出"大"产业》等 80 个案例，被国家知识产权局确定为第二批地理标志助力乡村振兴典型案例。

11 月 3 日，"盱眙龙虾烹制技艺"入选第五批江苏省级非物质文化遗产代表性项目名录。

12 月 20 日，2023 区域农业品牌发展论坛暨年度盛典在北京举行，"盱眙龙虾"入选中国区域农业产业品牌影响力指数 TOP100。

附　录

"盱眙龙虾"地理标志证明商标注册证

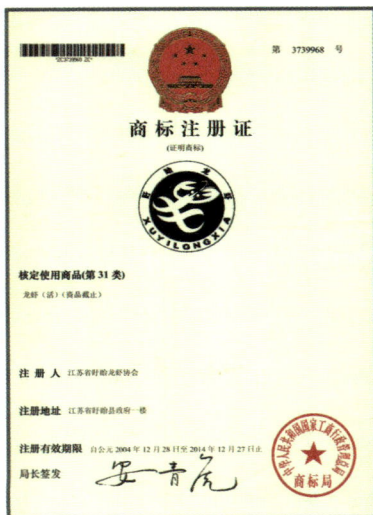

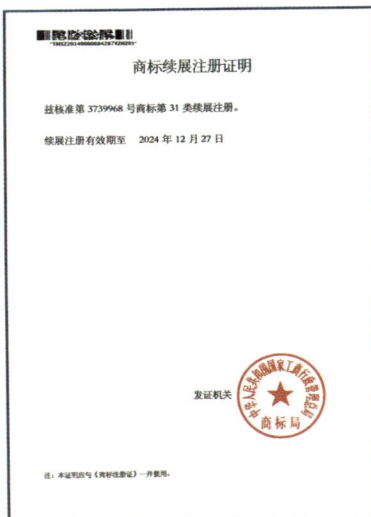

国家质量监督检验检疫总局
关于批准对盱眙龙虾、龙池砚、沿溪山白毛尖、北乡马蹄、金口河乌天麻实施地理标志产品保护的公告

2009年第60号*

根据《地理标志产品保护规定》，国家质检总局组织了对盱眙龙虾、龙池砚、沿溪山白毛尖、北乡马蹄、金口河乌天麻地理标志产品保护申请的审查。经审查合格，现批准自即日起对盱眙龙虾、龙池砚、沿溪山白毛尖、北乡马蹄、金口河乌天麻实施地理标志产品保护。

一、盱眙龙虾

（一）保护范围

盱眙龙虾地理标志产品保护范围为江苏省盱眙县现辖行政区域内自然水域。

（二）专用标志使用

盱眙龙虾地理标志产品保护范围内的生产者，可向江苏省盱眙县质量技术监督局提出使用"地理标志产品专用标志"的申请，经江苏省质量技术监督局审核，由国家质检总局公告批准。盱眙龙虾的法定检测机构由江苏省质量技术监督局负责指定。

（三）质量技术要求（见附件1）

……………………

自本公告发布之日起，各地质检部门开始对盱眙龙虾、龙池砚、沿溪山白毛尖、北乡马蹄、金口河乌天麻实施地理标志产品保护措施。

特此公告。

国家质量监督检验检疫总局

2009年6月11日

---

* 本书节选的公告内容以盱眙龙虾为主，其他内容略去并用省略号加以标识。

附件1：盱眙龙虾质量技术要求

（一）品种

克氏原螯虾（Procambarus Clarkii），属甲壳纲、软甲亚纲、十足目、蝲科。

（二）生产环境

水源充足、水质优良、无污染、透明度在30～40厘米，pH为7.0～8.5。水底土质为黏土，深水区水位1.2～1.5米，浅水区面积占总水面的1/3～2/3。

（三）养殖技术

1.苗种：洪泽湖、陡湖等自然水域出产的优质龙虾苗种，体质健壮，活力较强，附肢齐全，无病无伤。

2.苗种放养

（1）春季放养：4—5月投放体长2～4厘米的幼虾22.5万～30万尾/公顷，5月上中旬前放养结束。

（2）秋季放养：8月底至10月初每公顷投放300～450千克经人工挑选10月龄以上、体重30～50克的亲虾，雌雄比例1:1或2:1。当水温低于10℃时可不投喂饲料。也可直接投放抱卵亲虾，每公顷投放量≤300千克。

3.投饲管理：动物性饲料占30%～40%，谷实类饲料占60%～70%（水草类不计算在内）；一般每天投喂2次饲料，投饲时间分别在上午7—9时和下午5—6时。

4.水质管理：春季水深保持在0.6～1米，夏季水温较高时，水深控制在1～1.5米。每7～10天换水1次，高温季节每2～3天换水1次，每次换水量为池水的20%～30%。

5.环境、安全要求：饲养环境、疫情疫病的防治与控制必须执行国家相关规定，不得污染环境。

（四）捕捞

捕捞期为6月上旬至10月底，捕捞规格体长不得小于8厘米。

（五）质量特色

1.感官特征：体长≥8厘米，体重≥40克。个大体长，雄性背长、螯小，雌性臀围粗大、包卵量大、产仔多；熟时盱眙龙虾鲜红光亮，红色度、明度（亮度）高；腹部污染物沉积少。

2.理化指标：水分≤81%，粗蛋白含量16%～20%，粗脂肪含量≤6%，出肉率≥21%；总氨基酸含量≥15.26%，其中精氨酸含量≥16.1%、组氨酸含量≥3.7%。

3.安全要求：产品安全指标必须达到国家对同类产品的相关规定。

"盱眙龙虾"农产品地理标志登记证书

农产品地理标志
登记证书

中华人民共和国农业农村部

　　经审定，登记申请人申报的农产品符合农产品地理标志登记条件和相关技术标准要求，准予登记并允许在农产品或农产品包装物上使用农产品地理标志公共标识，特发此证。

核准登记产品： 盱眙龙虾

登记证书持有人： 江苏省盱眙龙虾协会

产品生产总规模： 53000公顷，80000吨/年

质量控制技术规范编号： AGI2021-01-3314

登记证书编号： AGI03314

2021年6月4日

"盱眙龙虾"证明商标使用管理规则

江苏省盱眙龙虾协会

第一章 总 则

第一条 为了促进"盱眙龙虾"的生产、加工、经营，提高质量，维护和提高"盱眙龙虾"在国内外市场的信誉，保护证明商标使用人和消费者的合法权益，根据《中华人民共和国商标法》《中华人民共和国商标法实施条例》和国家工商行政管理总局《集体商标、证明商标注册和管理办法》，特制定本规则。

第二条 "盱眙龙虾"是经国家工商行政管理总局商标局注册的证明商标，用于证明"盱眙龙虾"商品的特定品质。

第三条 江苏省盱眙龙虾协会（以下简称"协会"）是"盱眙龙虾"证明商标的注册人，对该商标享有专用权。

第四条 需要使用"盱眙龙虾"证明商标的生产者和经营者，应当按照本规则的规定，经协会审核批准。

第二章 使用"盱眙龙虾"证明商标商品的特定品质

第五条 使用"盱眙龙虾"证明商标商品应具备以下品质特征：

（一）龙虾出产地域：盱眙县境内马坝镇、官滩镇、黄花塘镇、桂五镇、管仲镇、河桥镇、鲍集镇、淮河镇、天泉湖镇、穆店镇、盱城街道、古桑街道、太和街道13个镇街，上述区域水质清新无污染，水体中生长有苦草、轮叶黑藻、菹草等100多种水草，这些水草为盱眙龙虾提供了天然饵料。

（二）龙虾特征：盱眙龙虾和其他龙虾相比，具有鳃丝洁白、无异味，腹部清洁透明，壳色红润有光泽，体态饱满、匀称，爬行有力等特征。

（三）使用"盱眙龙虾"地理标志证明商标的商品在加工制作过程中的特殊要求：

1.挑选：挑选时，选择鲜活体健爬行有力的，个大、肉实、壳亮、肚白，鳃丝清爽的龙虾。

2.洗刷：采购回来的龙虾要做好四步工作——第一步整理，剪掉虾须和大钳后的小爪；第二步吐污物，将剪好的龙虾放在有流动的活水盆里使其吐污，时间半小时左右；第三步刷，将吐好的龙虾用刷子里外刷一遍，特别要刷的是龙虾的腹部；第四步清洗，将刷好的龙虾放在清水里进行清洗，捞出淋干待用。

3.调料准备：①每2千克左右的龙虾准备50克左右的盱眙龙虾调料；②准备少许切好的生姜片、剥净的大蒜瓣、切成碎块的青辣椒、葱段；③准备胡椒粉、花椒粉、川椒备用；④啤酒。

4.加工过程：①取锅烧热，放入烹调油（一般用菜籽油），油热时放入花椒，炸出香味后捞出花椒，再放入葱段，炸出香味，倒入龙虾；②用铲、勺炒龙虾炒到发黄时，放入料酒，继续炒，待有香味发出即可；③在炒出有香味的虾中，加入啤酒、盐、糖、辣椒粉，大火烧开；④放入龙虾调料，要辣，多放一些红油；要麻，多放一些花椒；小火炖10分钟；⑤待汤汁快要烧干入味时，放入青椒块、葱、蒜、烧5分钟，浇上麻油制作成盱眙龙虾直接食用，也可经杀菌处理后真空包装贮存。

第三章　使用"盱眙龙虾"证明商标的手续

第六条　申请使用"盱眙龙虾"证明商标的，应当向协会递交《证明商标使用申请书》。

第七条　协会自收到申请人提交的申请书后，应在30日内完成下列审核工作：

（一）对申请人进行实地考察，并对其生产的商品进行检测；

（二）检测和综合审查后，向申请人发出书面审核意见通知。

第八条　符合"盱眙龙虾"证明商标使用条件的，应办理如下手续：

（一）签订《证明商标使用许可合同》；

（二）申请人缴纳证明商标使用管理费；

（三）申请人领取《证明商标使用证》；

（四）申请人领取证明商标标识。

第九条　申请人未获准使用"盱眙龙虾"证明商标的，可以自收到审核意见通知后15日内，向协会所在地工商行政管理部门申诉。协会尊重工商行政管理部门的裁定意见。

第十条 "盱眙龙虾"证明商标使用许可合同的有效期为一年。

到期需要继续使用者，须在合同有效期届满前30日内向协会提出续签合同的申请；逾期不申请者，合同有效期满后不能再使用该证明商标。

第四章 "盱眙龙虾"证明商标被许可使用人的权利和义务

第十一条 "盱眙龙虾"证明商标被许可使用人的权利：

（一）生产、销售冠以"盱眙龙虾"名称的龙虾；

（二）在龙虾商品的包装上使用"盱眙龙虾"证明商标；

（三）在广告宣传、成员名片、交易文书等上使用"盱眙龙虾"证明商标；

（四）优先参加协会主办或协办的技术培训、贸易洽谈会、信息交流会等活动；

（五）监督、举报非"盱眙龙虾"证明商标被许可使用人非法生产、销售"盱眙龙虾"；

（六）监督、举报其他被许可人违反规则的规定，生产、销售龙虾商品；

（七）对证明商标管理费的使用情况进行监督。

第十二条 "盱眙龙虾"证明商标被许可使用人的义务：

（一）将《证明商标使用证》悬挂于经营场所的显著位置；

（二）遵守本规则第五条的规定，保证商品质量稳定，维护"盱眙龙虾"特有的品质、质量和市场声誉；

（三）自觉接受协会对商品品质的检测和商标使用的监督，支持质量检测、监督人员工作；

（四）"盱眙龙虾"证明商标的被许可人不得将本证明商标再许可他人使用；

（五）配备专人负责本证明商标标识的管理和使用工作，确保依法使用商标标识；

（六）对非法使用"盱眙龙虾"证明商标的侵权行为，以及违反本规则的规定生产、销售龙虾商品的行为，及时向协会或所在地工商行政管理机关举报；

（七）严格按照本协会颁发的"盱眙龙虾"证明商标标识式样正确使用本证明商标，不得擅自改变本证明商标的图形、文字、颜色或者其组合。

第十三条 "盱眙龙虾"证明商标被许可使用人违反本规则的，协会有权中止与其签订商标使用许可合同，收回《证明商标使用证》和证明商标标识。情节严重、对本证明商标的声誉造成严重不良影响的，协会将依法追究其相应的法律责任。

第五章　"盱眙龙虾"证明商标的管理和保护

第十四条　协会是"盱眙龙虾"证明商标的管理机构，负责《"盱眙龙虾"证明商标使用管理规则》的制定和实施，负责对使用本证明商标的商品进行全方位的跟踪管理，做好商品质量的监督检测工作，并协助工商行政管理部门调查处理商标侵权、假冒案件。

第十五条　协会负责与本证明商标被许可人签订商标使用许可合同，负责在法律规定的期限内将商标使用许可合同交送盱眙县工商行政管理局存查、报送国家工商行政管理总局商标局备案。

第十六条　协会依法接受政府有关部门和社会团体的监督和检查，负责接受和处理消费者对"盱眙龙虾"证明商标商品的投诉。对举报侵犯"盱眙龙虾"证明商标专用权行为的人员，协会将给予必要的奖励。

第十七条　协会收取的"盱眙龙虾"证明商标管理费，应当按照专款专用的原则，主要用于制作《"盱眙龙虾"证明商标使用证》、印制"盱眙龙虾"证明商标标识、组织对"盱眙龙虾"证明商标商品进行检测、受理商标侵权投诉、收集侵权案件证据和宣传证明商标等工作。

第十八条　"盱眙龙虾"证明商标专用权受国家法律保护。未经本协会的许可，任何人均不得在相同或类似的商品上擅自使用与"盱眙龙虾"证明商标或近似的文字或图案。对侵犯"盱眙龙虾"证明商标专用权的行为，协会将依照《中华人民共和国商标法》及有关法律法规的规定，提请工商行政管理部门依法查处或向人民法院提起诉讼。

第十九条　协会依据本规则规定，对被许可人使用证明商标的商品进行检测，对商标使用情况进行监督。

第六章　附　　则

第二十条　使用"盱眙龙虾"证明商标的管理费标准，由协会按照国家有关规定制定，报有关部门批准后实施。

第二十一条　本规则自国家工商行政管理总局商标局核准注册本证明商标之日起生效。

江苏省地方标准《地理标志产品 盱眙龙虾》

DB32/T 1578—2010 *

1 范围

本标准规定了盱眙龙虾的地理标志产品保护范围、术语定义、要求、试验方法、检验规则及标志、包装、运输。

本标准适用于国家质量监督检验检疫行政主管部门根据《地理标志产品保护规定》批准保护的盱眙龙虾。

2 规范性引用文件

下列文件中的条款通过本标准的引用而成为本标准的条款。凡是注日期的引用文件，其随后所有的修改单项式（不包括勘误的内容）或修改版均不适用于本标准，然而，鼓励根据本标准达成协议的各方研究是否可使用这些文件的最新版本。凡是不注日期的引用文件，其最新版本适用于本标准。

GB/T 5009.3 食品中水分的测定

GB/T 5009.4 食品中灰分的测定

GB/T 5009.5 食品中蛋白质的测定

GB/T 5009.6 食品中脂肪的测定

GB/T 5009.124 食品中氨基酸的测定

GB/T 17924 地理标志产品标准通用要求

国家质量监督检验检疫总局《关于批准对盱眙龙虾、龙池砚、沿溪山白毛尖、北乡马蹄、金口河乌天麻实施地理标志产品保护的公告（2009年第60号）》

* 资料来源：江苏省质量技术监督局于2010年2月4日发布，自2010年5月4日起实施。本标准由盱眙县盱眙龙虾地理标志产品保护工作领导小组提出，由淮安市盱眙质量技术监督局负责起草。主要起草人：周文玲、冯为民。

3　地理标志产品保护范围

盱眙龙虾的产地范围限于国家质量监督检验检疫行政部门根据《地理标志产品保护规定》批准的范围（国家质检总局2008年第88号公告）。

区域范围见附录A（略）。

4　术语和定义

下列术语和定义适用于本标准。

4.1　盱眙龙虾　Xuyi Crawfish

符合在本标准第3章规定范围内自然生长，其质量符合本标准要求的盱眙龙虾的活体。

5　要求

5.1　品种

克氏原螯虾（Procambarus Clarkii），属甲壳纲科、软甲亚纲、十足目、蝲科。

5.2　生产环境

水源充足、水质优良、无污染、透明度在30～40厘米，pH为7.0～8.5。水底土质为黏土，深水区水位1.2～1.5米，浅水区面积占总水面的1/3～2/3。

5.3　养殖技术

5.3.1　苗种

洪泽湖、陡湖等自然水域出产的优质龙虾苗种，体质健壮，活力较强，附肢齐全，无病无伤。

5.3.2　苗种放养

5.3.2.1　春季放养

4—5月投放体长为2～4厘米的幼虾，放养量22.5万～30万尾/公顷，5月上中旬前放养结束。

5.3.2.2　秋季放养

8月底至10月初投放300～450千克/公顷，经人工挑选10月龄以上、体重30～50克的亲虾，雌雄比例1:1或2:1。也可直接投放抱卵亲虾，每公顷投放量≤300千克。

5.3.3 投饲管理

动物性饲料占30%～40%，谷实类饲料占60%～70%（水草类不计算在内）；一般每天投喂2次饲料，投饲时间分别在上午7—9时和下午5—6时。当水温低于10℃时可不投喂饲料。

5.3.4 水质管理

春季水深保持在0.6～1米，夏季水温较高时，水深控制在1～1.5米。每7～10天换水1次，高温季节每2～3天换水1次，每次换水量为池水的20%～30%。

5.3.5 环境、安全要求

饲养环境、疫情疫病的防治与控制必须执行国家相关规定，不得污染环境。

5.4 捕捞

捕捞期为6月上旬至10月底，捕捞规格体长不得小于8厘米。

6 质量特色

6.1 感官

6.1.1 外形特征

体长≥8厘米，体重35～40克。个大体长，雄性背长、螯小，雌性臀围粗大、抱卵量大、产仔多，腹部污染物沉积少。

6.1.2 体形与体色

头胸甲、腹甲及螯足、步足呈红色或浅红褐色，腹部呈白色；熟时盱眙龙虾鲜红光亮，红色度、明度（亮度）高。

6.2 理化指标

见表1。

7 试验方法

7.1 感官指标的检测

在光线充足，无异味的环境中，将试样置于白色搪瓷盘或不锈钢工作台上，用目测、手指压、鼻嗅等进行感官检验。

7.2 理化指标的检测

7.2.1 水分

按GB/T 5009.3的规定执行。

表1　理化指标

项　目	指　标
水分（%）	≤81
灰分（%）	≤3.0
粗蛋白（%）	16～20
粗脂肪（%）	≤6
总氨基酸（%）	≥15.26
精氨酸（%）	≥16.1
组氨酸（%）	≥3.7
出肉率（%）	≥21

7.2.2　灰分

按GB/T 5009.4的规定执行。

7.2.3　粗蛋白

按GB/T 5009.5的规定执行。

7.2.4　粗脂肪

按GB/T 5009.6的规定执行。

7.2.5　氨基酸

按GB/T 5009.124的规定执行。

7.2.6　出肉率

20尾虾为一组，随机取出，用水冲洗干净，纱布抹干，分别称重、量长并测量总重（W）；然后用沸水煮6～7分钟，冷却，去除虾壳、附肢、腮、胃等非肌肉部分，得到的肌肉（不包括第一步足的肌肉）称重（S），占总重的百分比即为出肉率。实验重复三组，按式（1）计算：

$$P = S/W \times 100\% \cdots\cdots\cdots\cdots\cdots\cdots (1)$$

式（1）中：P——出肉率，%；S——肌肉重，千克；W——总重，千克。

8　检验规则

8.1　组批规则与抽样方法

8.1.1　组批规则

盱眙龙虾以同一区域同一时间收获的未经分拣或已按规格分拣过的克氏螯

虾为一个批次。

8.1.2 抽样方法

每批产品随机抽取20只，用于感官检验。

8.1.3 试样制备

至少取50只盱眙龙虾清洗后，去头剥壳抽肠腺，将所得虾肉绞碎混合均匀后备用；试样量为400克，分为两份，其中一份用于检验，另一份作为留样。

8.2 检验

8.2.1 出场检验

每批产品应进行出场检验。出场检验由生产者执行，检验项目为感官指标。

8.2.2 型式检验

有下列情况之一时应进行型式检验。检验项目为本标准中规定的全部项目。

a) 新捕捞区域捕捞的盱眙龙虾；

b) 正常生产时，每年至少一次的周期性检验；

c) 盱眙龙虾捕捞区域条件发生变化，可能影响产品质量时；

d) 出厂检验与上次型式检验有较大差异时；

e) 国家质量监督机构提出进行型式检验要求时。

8.3 判定规则

感官检验所检验项目应全部符合6.1条规定；检验结果中有两项及两项以上指标不合格，则判为不合格；有一项指标不合格，允许重新抽样复检，如仍有不合格项则判为不合格。

9 标志、包装、运输

9.1 标志

地理标志保护产品专用标志的使用应符合GB/T 17924规定。

9.2 包装

包装材料应卫生、洁净并有利于虾体保活。

9.3 运输

在清洁的环境中装运，保证存活。运输工具在装货前应清洗、消毒，做到洁净、无毒、无异味。运输过程中，防温度剧变、挤压、剧烈震动，不得与有害物质混运，严防运输污染。

盱眙龙虾产业发展统计表（2010—2023年）

盱眙县龙虾产业发展服务中心

年份	养殖面积 （万亩）	产量 （万吨）	总产值 （亿元）	品牌价值 （亿元）
2010	13.22	1.54	—	65.00
2011	15.43	1.59	—	—
2012	15.43	1.60	—	—
2013	15.45	1.70	—	72.00
2014	15.45	1.91	—	—
2015	18.31	1.93	—	166.80
2016	21.21	2.03	—	169.91
2017	28.58	3.51	—	—
2018	48.98	6.00	—	179.87
2019	80.08	8.00	159.47	180.71
2020	81.58	9.00	170.00	203.92
2021	83.50	12.00	181.02	215.51
2022	91.00	12.30	202.00	306.50
2023	97.50	12.50	306.00	353.12

盱眙龙虾产业新闻报道选粹

1.《虾有虾路——从江苏盱眙看经济欠发达地区的发展思路》,《人民日报》,2002年6月12日,顾兆农。

2.《龙虾节给盱眙带来了什么——"盱眙"不会被念成"于台"了》,《新华日报》,2002年6月14日,孙巡、姜圣瑜。

3.《探访"十三香龙虾之乡"——盱眙》,《人民日报》,2004年6月8日,傅溪鹏。

4.《龙虾战略突围苏北》,《新民周刊》,2004年6月28日,杨江。

5.《政府营销的困惑:盱眙龙虾遇"十面埋伏"》,《小康》杂志,2004年第9期,姜业奎。

6.《盱眙:演绎全新办节理念》,《新华日报》,2005年8月23日,张承东、余海潮、刘寿桐、蔡志明、王荧。

7.《红色风暴闹七月,杭州满城龙虾香》,2006年7月21日,中国新闻网,柴燕菲。

8.《走出怪圈——从盱眙"中国龙虾节"看节庆经济》,《农民日报》,2007年4月27日,沈建华、张承东。

9.《中国龙虾节升格为"中国国际龙虾节"》,《光明日报》,2008年7月1日,陈晨。

10.《小龙虾缘何掀起大风浪——江苏盱眙县成功创办国际龙虾节密码破译》,《中国县域经济报》,2009年5月18日,郑强斌、张承东、高玉飞。

11.《盱眙龙虾产业产值突破12亿元,形成10万人的产业大军》,中国广播网,2009年6月5日,姚东明、张承东、高玉飞。

12.《盱眙龙虾价值观——看龙虾产业如何激活一县》,《农民日报》,2009年6月30日,沈建华。

13.《龙虾节——盱眙经济发展的助推器》,《农民日报》,2010年6月10日,范学忠、刘刚、陈四化。

14. 《江苏省盱眙县在京发布"龙虾品质宣言"》，中国广播网，2011年5月7日，申玉彪。

15. 《盱眙龙虾节，"三办""三不办"》，《新华日报》，2013年4月29日，周海军、李光明。

16. 《盱眙真山水，龙虾好滋味》，央视《乡村大世界》，2014年3月15日，毕铭鑫。

17. 《富民强县成就百亿产业，盱眙举行龙虾开捕仪式》，新华网，2015年5月18日，王伟、汪永平、李光明。

18. 《江苏盱眙龙虾"原汁原味"出国门》，央广网，2016年8月22日，姚东明、景明、朱丹蓉、李正法。

19. 《小龙虾何以成长为产业"大龙头"？》，新华社，2017年1月18日，王存理、凌军辉。

20. 《江苏盱眙：餐饮"网红"小龙虾，书写发展大文章》，新华社，2017年10月8日，周海军。

21. 《盱眙龙虾：一个国民级品牌的养成》，《农产品市场周刊》，2018年17期，神农岛。

22. 《江苏盱眙：5万人共享"龙虾宴"》，新华社，2018年6月14日，李响。

23. 《江苏盱眙：虾稻共生促增收》，《人民日报》，2018年7月22日，莫璐、刘凯文。

24. 《江苏盱眙："龙虾香米"开镰，虾肥稻香助农民增收》，央视《第一时间》，2018年9月22日，朱亚、高犇、王运。

25. 《"水稻＋龙虾"，让这里的村民收入增三倍》，央广网，2019年2月18日，陈明慧、许畅、陈大力。

26. 《小龙虾正向你招手！来赴一场美食与文化的饕餮盛宴》，新华社，2019年6月12日，刘宇轩、朱筱、翟星渊。

27. 《盱眙龙虾：让区域经济红红火火》，《中国知识产权报》，2019年8月23日，吴珂。

28. 《复工复产进行时——江苏淮安："小龙虾"点亮"夜经济"》，央视《正点财经》，2020年5月11日，江苏台、淮安台、盱眙台。

29. 《盱眙小龙虾"游"向海外》，《经济日报》，2020年6月5日，顾阳。

30.《盱眙龙虾抢滩京城"不夜节"》，新华社，2021年6月6日，王立彬。

31.《江苏盱眙：聚焦高质量发展，聚力"二次创业"》，新华网江苏频道，2021年6月13日，周萱婷。

32.《小龙虾市场调查——江苏盱眙：旺季来临，畅享小龙虾盛宴》，央视《天下财经》，2021年6月25日，裴蕾、左嘉玉、张华。

33.《互联网思维给了盱眙小龙虾新出路——小龙虾火过冬》，《经济日报》，2022年1月15日，敖蓉。

34.《江苏盱眙：小龙虾延伸产业链，"田间直播"促销售》，央视《新闻直播间》，2022年5月18日，李筱。

35.《"龙虾之都"盱眙二次创业，起步如何？》，人民网江苏频道，2022年5月30日，马晓波。

36.《打好龙虾特色牌，去年接待游客706.5万人次——盱眙："一只虾"拉动百亿文旅"马车"》，《新华日报》，2022年6月12日，张莎沙、吕旅、田敏、杜乔、周莹。

37.《江苏盱眙：有滋有味龙虾节》，新华网，2022年6月12日，季春鹏。

38.《以虾主导"三产"融合——盱眙小龙虾成就两百亿元品牌价值》，《农民日报》，2022年7月11日，侯雅洁。

39.《盱眙龙虾走进澳门成"爆款"》，《新华日报》，2022年9月25日，吕旅、周莹。

40.《江苏盱眙：小龙虾抢"鲜"上市，新模式促产业发展》，央视《新闻直播间》，2023年3月18日，杨滢。

41.《育新种、制标准，三产融合助力盱眙龙虾产业再升级》，新华网江苏频道，2023年3月19日，丁文文。

42.《盱眙县23年接续打造龙虾节，品牌价值达353.12亿元》，《新华日报》，2023年6月13日，张莎沙、田敏、周莹。

43.《龙虾产业"二次创业"，盱眙"破题之钥"何在？》，人民网江苏频道，2023年6月13日，马晓波。

44.《丰收里的"大食物观"——江苏盱眙：从"大养虾"到"养大虾"》，央视《朝闻天下》，2023年10月21日。

45.《盱眙龙虾"二次创业"进行时》，《新京报》，2023年12月15日，揭明玥。

盱眙龙虾产业重点基地通信录

基地名称	地 址	负责人	电话号码
盱眙龙虾博物馆	盱眙县山水大道1号	谈晓艳	15298659207
盱眙全球龙虾交易中心	盱眙县盱城街道科技路5号	葛 魁	18919788788
盱眙县马坝镇人民政府	盱眙县马坝镇镇南路288号	葛以宏	13852241369
盱眙县官滩镇人民政府	盱眙县官滩镇圣山西路10号	贺孝成	15152340968
盱眙县黄花塘镇人民政府	盱眙县黄花塘镇平原北路1号	张 娟	15952382002
盱眙县桂五镇人民政府	盱眙县桂五镇桂东路1号	朱 超	15250856919
盱眙县管仲镇人民政府	盱眙县管仲镇叔牙东街21号	刘志宝	13905234979
盱眙县河桥镇人民政府	盱眙县河桥镇蒋郢路8号	吴 飞	13401818958
盱眙县鲍集镇人民政府	盱眙县鲍集镇招贤大街1号	周椿霞	15861775685
盱眙县淮河镇人民政府	盱眙县淮河镇富淮路3号	钟亚洲	15261709962
盱眙县天泉湖镇人民政府	盱眙县天泉湖镇王店街道001号	张太巍	13401819929
盱眙县穆店镇人民政府	盱眙县穆店镇维西路51号	张 政	13770465660
盱眙县盱城街道办事处	盱眙县淮河东路33号	陈 杰	15152345606
盱眙县古桑街道办事处	盱眙县古桑街道132号	耿 慧	15851702098
盱眙县太和街道办事处	盱眙县企业服务大厦3楼	曹炳权	15895095666

盱眙龙虾产业知名企业通信录

企业名称	地 址	负责人	电话号码	备注
江苏盱眙龙虾产业发展股份有限公司	盱眙县合欢大道2号	张晓东	13801400618	稻虾共生
盱眙於氏龙虾餐饮服务连锁有限公司	盱眙县盱城镇龙城新天地4号楼	於孝成	18751267777	餐饮
江苏红胖胖龙虾产业集团有限公司	盱眙县盱城工业集中区工业大道东侧服装路北侧	芮 锋	13915170166	餐饮、加工
叮咚买菜盱眙小龙虾超级工厂	盱眙县盱城街道登瀛路8号	李 晗	18921821078	加工
盱眙许记味食发展有限公司	盱眙县经济开发区工一路与合欢大道交汇处	许瑞海	18796465555	调料加工
江苏祥源农业科技发展有限公司	盱眙县盱城街道工业集中区圣山路166号	胡中杨	13901402020	加工
江苏满家乐食品有限公司	盱眙县经济开发区虎山路8-3号	平 健	13402107456	电商、加工
盱眙好滋味食品有限公司	盱眙县鲍集镇创业园区	刘 明	18344777557	加工
盱眙舌尖猎人食品有限公司	盱眙县穆店工业园区	侯晓东	13906034034	加工
盱眙虾将军食品有限公司	盱眙县盱城工业园工业大道18号	曾强军	13382335920	加工
江苏林帝食品有限公司	盱眙县穆店工业园区	王兆芳	13901400301	加工
江苏和善园都梁冷冻食品有限公司	盱眙县经济开发区宝山东路21号	杨家军	18952012811	加工
盱眙顺康食品科技有限公司	盱眙经济开发区金桂大道37号	秦芝好	15861773230	加工
淮安市康达饲料有限公司	盱眙经济开发区天泉路9号	姜天才	13905234232	饲料加工